W0260452

Reihe Informationstechnik

Herausgegeben von Dr. Harald Schumny

Die Fachbuchreihe *Informationstechnik* richtet sich an Studierende und Lehrende der Fachschulen Technik und Fachhochschulen.

Die Bände dieser Reihe sind formal, inhaltlich und in ihrem didaktischen Aufbau aufeinander abgestimmt und verzahnt. Sie sollen das *Lernen in einem Lernsystem* ermöglichen:

Der Leser kann diese Reihe entsprechend seinem Bildungsstand und Bildungsziel nutzen, indem er

- Einzelbände der Reihe auswählt, da mit jedem Buch unabhängig von anderen Büchern der Reihe gearbeitet werden kann,
- die Bücher parallel oder aufeinanderfolgend einsetzt, da die Bücher gekennzeichnet sind durch gleichen Aufbau, gleiche Bezeichnungsweise und Kapitelverweise auf andere Bände der Reihe.

Besonderer Wert wird auf eine umfassende Vermittlung des jeweiligen Grundlagenwissens gelegt. Entsprechend dem Unterricht an Fachschulen und den Ausbildungszielen für Ingenieurstudenten wird der Stoff anschaulich und anwendungsnah dargestellt. Jedes Lehrbuch enthält zahlreiche Bilder, Zeichnungen, Tabellen und viele Beispiele aus der Praxis. Kurze Zusammenfassungen der einzelnen Abschnitte, Hervorhebung wichtiger Merksätze, Literaturverweise und Aufgaben unterstützen den Studierenden wirkungsvoll beim Durcharbeiten des Lehrstoffes.

Bereits erschienen sind folgende Bände:

Datenverarbeitung

Harald Schumny
Digitale Datenverarbeitung
für das technische Studium

Harald Schumny
Arbeitsbuch
Digitale Datenverarbeitung

Programmierung

Wolfgang Schneider
FORTRAN
Einführung für Techniker

Wolfgang Schneider
BASIC
Einführung für Techniker

Übertragungstechnik

Harald Schumny
Signalübertragung
Lehrbuch der Nachrichtentechnik
und Datenfernverarbeitung

Wolfgang Schneider

FORTRAN

Einführung für Techniker

2., durchgesehene Auflage

Friedr. Vieweg & Sohn Braunschweig/Wiesbaden

Dr. Wolfgang Schneider ist Dozent an der Fachhochschule Wolfenbüttel

1. Auflage 1977
2., durchgesehene Auflage 1979

Satz: Friedr. Vieweg & Sohn, Braunschweig

Umschlagsgestaltung: Hanswerner Klein, Leverkusen

ISBN 978-3-528-14036-6 ISBN 978-3-322-90120-0 (eBook)
DOI 10.1007/978-3-322-90120-0

Vorwort

Die Programmiersprache FORTRAN ist eine mathematisch-naturwissenschaftlich orientierte Programmiersprache. Sie ist vor allem auf die Bedürfnisse von Wissenschaftlern, Ingenieuren und Technikern zugeschnitten.

Es ist nicht erforderlich, über elementare Grundkenntnisse in dieser Programmiersprache hinauszugehen, wenn nur gelegentlich Probleme selbstständig zu programmieren sind und es nicht darauf ankommt, wie elegant das Problem programmtechnisch gelöst wird, sondern nur, daß es gelöst wird.

Dieses Buch isoliert deshalb bewußt den Teil der Programmiersprache FORTRAN, der unbedingt zur Erstellung von Programmen erforderlich ist. Besonderer Wert wurde auf einprägsame Merksätze, Übungen, Zusammenfassungen und vollkommen durchprogrammierte Beispiele gelegt.

Das Buch wurde vorwiegend für Studierende an Fachschulen Technik und Fachhochschulen geschrieben.

Dr. *Wolfgang Schneider*

Inhaltsverzeichnis

1. Grundlagen der Datenverarbeitung

1.1. Der Begriff der Datenverarbeitung

In fast allen Bereichen des täglichen Lebens erleichtern Computer dem Menschen die Arbeit. Der Begriff „Computer" kommt aus dem Englischen und heißt zu deutsch nichts anderes als „Rechner". Dies weist darauf hin, daß das Rechnen früher zu den Hauptaufgaben eines Computers gehörte. Heute haben sich die Computer jedoch einen wesentlich größeren Anwendungsbereich erschlossen. Verkehrsrechner steuern z. B. den Verkehr in unseren Städten, Prozeßrechner steuern Walzstraßen, Züge, Raketen usw.. Um die Vielseitigkeit der Computer zum Ausdruck zu bringen, soll hier vom recht eng gefaßten Begriff des Rechners abgegangen und dafür der Begriff Datenverarbeitungsanlage (DVA) verwendet werden. Datenverarbeitung heißt: (Eingabe-) Daten zur Lösung von Aufgaben nach einem bestimmten Bearbeitungschema (Arbeitsanweisung) bearbeiten (vgl. Abschnitt 1.2). Zu diesen Aufgaben zählen nicht nur Rechenaufgaben sondern z. B. auch Aufgaben der Prozeßsteuerung.

1.2. Die Arbeitsweise einer Datenverarbeitungsanlage (DVA)

Eine DVA soll die Arbeit des Menschen erleichtern. Dazu muß sie wesentliche Teile seiner Aufgaben übernehmen können.

An dem Beispiel einer Fernmelderechnungsstelle soll gezeigt werden, welche Aufgaben eine DVA übernehmen kann und welche dem Menschen noch verbleiben. Dabei wird dem Bearbeiter ein „Intelligenzgrad" zugeordnet, den man auch von einer DVA erwarten kann: er kann nur lesen, schreiben und mit Hilfe eines Tischrechners rechnen.

Ein Bote bringt dem Bearbeiter die Listen mit allen notwendigen Daten. Listen, auf denen die Kunden mit ihren Kundennummern (KNR), den zugehörigen alten Zählerständen (AZ), den neuen Zählerständen (NZ), den Grundgebühren (GG) und den Gebühren je Zählereinheit (GZE) eingetragen sind. Daraus soll der Bearbeiter eine Liste der Rechnungsbeträge erstellen.

Da er nur lesen, schreiben und einen Tischrechner bedienen kann, ist er dazu nicht ohne weiteres in der Lage. Er benötigt zur Bewältigung seiner Aufgabe noch eine Arbeitsanweisung etwa in der Form:

- *Gib* den neuen Zählerstand (NZ) in den Tischrechner ein
- *Subtrahiere* von dem vorher eingegebenen Wert den alten Zählerstand AZ
- *Multipliziere* das Ergebnis mit den Gebühren je Zählereinheit GZE
- *Addiere* zu dem Ergebnis die Grundgebühren GG
- *Lies* das Ergebnis ab
- *Schreibe* das Ergebnis in die Zeile der zugehörigen Kundennummer KNR
- *Gehe* zur nächsten Kundennummer *über*
- *Beginne* diese Arbeitsanweisung von vorn usw..

Die Arbeitsanweisung besteht aus einer Folge von Befehlen (Gib, Subtrahiere, Multipliziere ... usw.), die der Reihe nach abgearbeitet werden müssen. Eine solche, aus einer Folge von Befehlen bestehende Arbeitsanweisung nennt man ein *Programm*.

Die Arbeitsweise einer DVA ähnelt der Arbeitsweise des Bearbeiters (vgl. [1]).

- Eine DVA wird ebenso mit *Programmen* und *Daten* versorgt, wie der Bearbeiter im Fernmeldeamt. Diesen Vorgang nennt man bei der DVA einfach *Eingabe*. Sie erfolgt über *Eingabeeinheiten* wie Lochkartenleser, Lochstreifenleser, Klarschriftleser, Blattschreiber (eine Art Fernschreiber mit Schreibmaschinentasten) und dgl..

- Programme und Daten müssen in einer DVA beliebig lange zur Verfügung stehen. Dazu müssen sie in der DVA in einem *Speicher* abgespeichert werden. Während bei dem Bearbeiter im Fernmeldeamt zur Speicherung der Daten ein Blatt Papier und zur kurzfristigen Speicherung das Gedächtnis genügte, müssen in einer elektronischen DVA aufwendige Speichermedien, wie z. B. Ringkernspeicher, verwendet werden.

- Eine DVA muß das Programm ausführen können, indem es einen Befehl nach dem anderen abarbeitet. Dazu muß sie geeignete Einrichtungen besitzen, die die notwendigen, einfachen Handgriffe des Bearbeiters, z. B. die Tastenbedienung des Tischrechners, ersetzen können. Für diese Aufgabe ist in einer DVA ein *Steuerwerk* vorgesehen.

- Eine DVA benötigt, ähnlich wie der Bearbeiter im Fernmeldeamt, eine Einrichtung, die Berechnungen ausführt. Diese Einrichtung wird in einer DVA *Rechenwerk* genannt.

- Eine DVA muß die Ergebnisse der Verarbeitung beliebig lange abspeichern können, um sie später auf Wunsch auszugeben. Diesen Vorgang nennt man bei einer DVA einfach *Ausgabe*. Sie erfolgt über *Ausgabeeinheiten* wie Bildschirm, Drucker, Blattschreiber und dgl..

Daraus ergibt sich folgende Struktur einer Datenverarbeitungsanlage.

Bild 1.1

Speicher, Rechen- und Steuerwerk werden meist unter dem Begriff *Zentraleinheit* zusammengefaßt.

Datenverarbeitungsanlagen stellen zwar die technischen Funktionseinheiten zur Verfügung, aber erst die Verbindung von DVA und Programm ergibt ein funktionsfähiges Datenverarbeitungs*system*, in dem die technischen Funktionseinheiten der DVA in gewollter, sinnvoller Weise selbsttätig die gestellte Aufgabe lösen. Die geistige Leistung, die dem Menschen verbleibt, liegt in der für die DVA verständliche Beschreibung der Arbeitsanweisung, der sog. Programmierung der DVA. Diese Aufgabe kann an keine Maschine abgegeben werden.

2. Programmiersprachen

2.1. Allgemeines

Bei programmgesteuerten Datenverarbeitungssystemen wird bewußt eine Trennung zwischen Arbeitsanweisung (Programm oder sog. Software) und ausführender Anlage (DVA oder sog. Hardware) vorgenommen. Dadurch ist ein und dieselbe Anlage fähig, nicht nur eine einzige, sondern eine Vielzahl von Aufgaben auszuführen. Wenn eine DVA eine andere Aufgabe bearbeiten soll, braucht nur das Programm geändert bzw. ausgetauscht zu werden.

Zum Aufstellen der Programme lassen sich prinzipiell folgende Programmiersprachen verwenden:

- Maschinensprachen
- Assemblersprachen
- Problemorientierte Programmiersprachen

2.2. Maschinensprachen

In den Anfängen der Datenverarbeitung wurde die Arbeitsanweisung für eine DVA in der sog. Maschinensprache programmiert. Dabei handelt es sich in der Regel um eine Codierung der Befehle in Binärziffern, die von den meist digital arbeitenden Datenverarbeitungsanlagen ohne weitere Übersetzung verstanden werden und ohne menschliche Hilfe in Steuersignale umgesetzt werden können.

Maschinensprachen werden heute nur noch selten benutzt. Dies liegt vor allem daran, daß die Darstellung der Befehle durch Binärziffern

- relativ zeitaufwendig
- recht unübersichtlich und damit fehleranfällig und
- schwer merkbar

ist. Mit wachsenden Aufgaben in der Datenverarbeitung wurde deutlich, daß nach einer einfacheren, schnelleren und wirtschaftlicheren Programmierung gesucht werden mußte.

2.3. Assemblersprachen

Mit der Entwicklung von Assemblersprachen wurde ein erster Schritt zur Vereinfachung der Programmierung getan. Die Assemblersprache ist eine symbolische Programmiersprache, bei der der Befehlsschlüssel nicht mehr aus einer Folge von Binärzeichen besteht, sondern aus einem leicht erlernbaren symbolischen Code. So könnte der Befehl „Addiere", der in einem Maschinencode beispielsweise „11011010" geschrieben wird, durch den leicht erlernbaren symbolischen Ausdruck „ADD" ersetzt werden.

Die Datenverarbeitungsanlage „versteht" trotzdem nur den Maschinencode. Es muß also eine Einrichtung gefunden werden, die die Assemblersprache in den Maschinencode überführt. Diesen Vorgang nennt man auch, da es sich um „Sprachen" handelt, *Übersetzung*. Sie läuft nach festen Regeln ab und kann deshalb mit Hilfe eines geeigneten Programmes von der DVA selbst vorgenommen werden. Das Übersetzungsprogramm, das die Assemblersprache in den Maschinencode übersetzt, heißt *Assembler*.

Die Assemblersprache ist eine maschinenorientierte Programmiersprache, weil *jeder* Befehl der Maschinensprache durch einen symbolischen Ausdruck ersetzt wird. Dies bringt den Nachteil mit sich, daß sie vom Typ der DVA abhängt, so daß zur Programmierung eines bestimmten Problems für verschiedene DVA-Typen unterschiedliche Programme geschrieben werden müssen.

2.4. Problemorientierte Programmiersprachen

Den genannten Nachteil der Assemblersprachen vermeiden die problemorientierten Programmiersprachen. Ihre Entwicklung orientiert sich unabhängig von der jeweiligen Maschinensprache nur am Problem. Dadurch werden sie anlagenunabhängig. Als Beispiel mögen die mathematisch-naturwissenschaftlich orientierten Programmiersprachen dienen. Sie beschreiben unabhängig von der Maschinensprache eine mathematische Aufgabe, wie aus der Mathematik gewohnt, mit Hilfe einer mathematischen Formel.

Eine als Formel dargestellte Anweisung kann eine Datenverarbeitungsanlage nicht direkt „verstehen". Sie „versteht" nur den Maschinencode. Daher ist eine Übersetzung von der mathematischen Formelsprache in die Maschinensprache nötig. Da die Übersetzung nach festen Regeln ablaufen muß, kann die Datenverarbeitungsanlage auch hier die Übersetzung selbst durch Verwendung eines geeigneten Programms vornehmen. Dieses Programm wird *Compiler* genannt.

Die problemorientierten Sprachen zeichnen sich aus durch

- bessere Überschaubarkeit der Programme durch Anweisungen in der Fachsprache
- geringeren Zeitbedarf für die Programmierung
- leichte Erlernbarkeit
- Unabhängigkeit von dem Typ der Datenverarbeitungsanlage

Weit verbreitete problemorientierte Programmiersprachen sind z. B.:

Name	Bedeutung	Anwendungsbereich
ALGOL	Algorithmic Language	mathematisch-naturwissenschaftlich
FORTRAN	Formula Translation	mathematisch-naturwissenschaftlich
COBOL	Common Bussiness Oriented Language	kommerziell
PL 1	Programming Language Nr. 1	kommerziell / mathematisch-naturwissenschaftlich
BASIC	Beginners All-purpose Symbolic Instruction Code	Programmierung im Dialog mit der DVA

FORTRAN, ALGOL und PL 1 sind also auf die speziellen Probleme der Mathematiker, Naturwissenschaftler, Ingenieure, Techniker und dgl. zugeschnitten. FORTRAN, bereits 1954 entwickelt, ist heute die am weitesten verbreitete mathematisch-naturwissenschaftlich orientierte Programmiersprache.

Im Laufe der Zeit wurden mehrere FORTRAN-Versionen geschaffen, die sich durch neu hinzugekommene Möglichkeiten der Programmierung unterscheiden. Das sog. Basic-FORTRAN, das schon eine Programmierung der meisten Probleme zuläßt, stellt eine Teilmenge des vollen FORTRAN dar. Daher ist es gut geeignet, die Grundkenntnisse in dieser Programmiersprache zu vermitteln.

3. Problemaufbereitung und Aufstellung von Programmablaufplänen

Vor der Programmierung eines Problems in einer beliebigen Programmiersprache empfiehlt es sich,

- das Problem aufzubereiten und
- Programmablaufpläne aufzustellen.

Erst anschließend sollte man, zumindest bei umfangreichen Problemen, zum Schreiben des Primärprogramms übergehen (vgl. Kapitel 4).

3.1. Problemaufbereitung

Zur Problemaufbereitung gehört

- eine vollständige Formulierung der Aufgabe und
- eine Problemanalyse der Aufgabe.

Die Aufgabe ist zunächst vollständig mit allen Randbedingungen in der Umgangssprache zu formulieren. Bei der darauf folgenden Problemanalyse ist u. a. zu untersuchen,

- ob die Aufgabe überhaupt mit Hilfe einer DVA gelöst werden kann,
- welche alternativen Lösungswege sich für die Aufgabe anbieten und
- welcher der möglichen Lösungswege der günstigste ist.

3.2. Programmablaufpläne

Nachdem bei der Problemaufbereitung ein günstig erscheinender Lösungsweg gefunden wurde, empfiehlt es sich vielfach, einen Programmablaufplan aufzustellen. Die Bezeichnung Programmablaufplan ist nach DIN 66001 genormt und soll die teilweise gebräuchlichen Begriffe „Flußdiagramm" oder „Blockdiagramm" ersetzen.

Ein Programmablaufplan ist eine grafische Darstellung, die den Arbeitsablauf einer Problemstellung in einzelnen kleinen Schritten darstellt.

Die Programmablaufpläne setzen sich aus verschiedenen Sinnbildern zusammen, die nach DIN 66001 genormt sind. Durch Einfügen eines Textes in die Sinnbilder wird die Art der Vorgänge genau spezifiziert. Die Reihenfolge der Vorgänge wird durch Pfeile angedeutet. Für einfache Aufgaben genügt die Kenntnis der in der Tabelle aufgeführten Sinnbilder. Das Zeichen der Programmablaufpläne wird durch Schablonen erleichtert.

Tabelle: Nach DIN 66001 genormte Sinnbilder von Programmablaufplänen

Sinnbild	Bedeutung	Beispiele
Text	allgemeine Operation	C = A – B; schließe Ventil A
Text (ja / nein)	Verzweigung	A – B < 0 ? (ja / nein); Ventil A geschlossen? (ja / nein)
	Bemerkung: Der Text muß eine Frage (Bedingung) enthalten, die entweder mit ja oder nein zu beantworten ist. Je nach Beantwortung der Frage wird das Programm mit dem „Ja"- oder „Nein"-Zweig fortgesetzt.	
Text	Eingabe Ausgabe	Lies A; Drucke B
Text	Grenzstelle	STOP; START
Text	**Bemerkung:** Die Grenzstelle ist das Sinnbild für den Beginn oder das Ende eines Programmes	
n; n	Übergangsstelle	8; 8
	Bemerkung: Falls ein Programmablaufplan auf einem anderen Blatt fortgesetzt werden muß, kennzeichnen die Übergangsstellen mit gleichen Zahlen, an welcher Stelle das Programm auf dem anderen Blatt fortgesetzt werden muß.	

3.3. Vorteile bei der Anwendung von Programmablaufplänen

Der Programmablaufplan erweist sich bei umfangreichen Aufgaben als sehr zweckmäßig. Insbesondere sind folgende Vorteile zu nennen:

- Der Programmablaufplan verschafft dem Programmierer durch die logische Gliederung einen Überblick über den Gang der Rechnung.
- Der Programmablaufplan verhindert das Programmieren von „Sackgassen".

  Eine Sackgasse würde sich z. B. in einem Programm ergeben, wenn ein Zweig einer Verzweigung durch Vergeßlichkeit des Programmierers nicht weiter berücksichtigt würde. Wenn bei einer späteren Benutzung des Programms dieser Zweig gewählt wird, so gibt es keine darauffolgende Anweisung. Das Programm endet in einer Sackgasse. In einem Programmablaufplan sind derartige Sackgassen gut zu erkennen und können somit vermieden werden.
- Der Programmablaufplan bietet ein gutes Verständigungsmittel zwischen einem Spezialisten und einem Programmierer.

  Spezialisten verfügen teilweise über keine ausreichenden Programmierkenntnisse. Ein Programmierer hingegen verfügt nicht immer über die notwendigen Spezialkenntnisse, um programmierbare Regeln aus einer Aufgabenstellung abzuleiten. Hier bietet sich der Programmablaufplan als gemeinsames Verständigungsmittel an.
- Der Programmablaufplan hilft bei der Fehlersuche von logischen Fehlern.

  Durch die logische Gliederung des Problems in eine Folge von Einzelschritten ist der Programmablaufplan wegen der besseren Übersicht meist besser als das Programm selbst geeignet, logische Fehler im Programmablauf zu finden.
- Der Programmablaufplan dient zur Dokumentation des Programms.

  Programme sollen auch später, eventuell von anderen Personen, wieder benutzt werden können. Sie müssen sich auf einfache Art darüber informieren können, wie das Programm aufgebaut ist, welcher Lösungsweg gewählt wurde usw. In vielen Fällen kann der Programmablaufplan eine spezielle Programmbeschreibung ersparen.

4. Schreiben des Primärprogramms

Nach der Problemaufbereitung und der Aufstellung des zugehörigen Programmablaufplanes kann die eigentliche Programmierung in der gewünschten Programmiersprache erfolgen. Der Programmierer wird dazu das Programm zunächst handschriftlich auf einem Blatt Papier entwerfen. Daher wird dieser erste Programmentwurf auch Primärprogramm genannt.

Erst anschließend wird das Programm auf Lochkarten oder auf andere zur maschinellen Eingabe geeigneten Datenträger übertragen.

Der Programmierer kann bei der Erstellung des Primärprogrammes Zeit und Mühe sparen, wenn er anstelle eines einfachen Blatt Papiers ein Programmformular verwendet, auf dem die Eigenarten des Datenträgers und der Programmiersprache in geeigneter Weise berücksichtigt werden.

Dies soll anhand des *FORTRAN-Programmformulars* näher erläutert werden. Zum besseren Verständnis des Formulars ist es zweckmäßig, vorher etwas näher auf den Aufbau von Lochkarten einzugehen, da man bei der Entwicklung der Programmiersprache FORTRAN von vornherein von einer Programmeingabe über Lochkarten ausging. Das FORTRAN-Formular zeigt somit neben spezifischen Eigenschaften der Programmiersprache den Aufbau von Lochkarten.

4.1. Die Lochkarte

Die Lochkarte (Größe ca. 18 X 9 cm) ist in 80 Spalten und 12 Zeilen aufgegliedert.

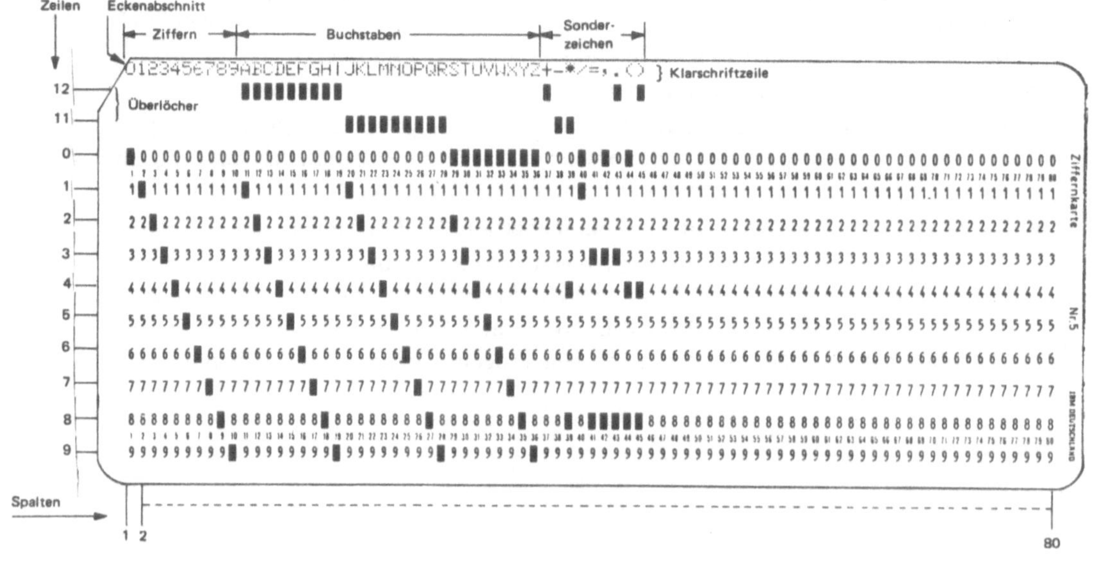

Bild 4.1

Die Zeichen werden durch rechteckige Löcher in den Spalten dargestellt. Zahlen werden z. B. durch *ein* Loch in einer Spalte in den Zeilen von 0 bis 9 dargestellt, Buchstaben durch *zwei* Löcher in *einer* Spalte, Sonderzeichen vielfach durch *drei* Löcher.

Bei der Eingabe der Daten und Programme ist die richtige Lage der Lochkarten wichtig, da die gelochten Daten und Programme sonst falsch in die Datenverarbeitungsanlage eingelesen werden.

Mit Hilfe des links oben befindlichen Eckenabschnitts können falsch im Lochkartenstapel liegende Lochkarten erkannt werden.

Die Lochkarte wird gern als Informationsträger für Programme verwendet, da sie bei der Programmentwicklung folgende Vorteile gegenüber anderen Informationsträgern aufweist:

- Am oberen Rand der Lochkarte wird das gelochte Zeichen im Klartext angegeben. Dies enthebt den Programmierer, z. B. bei der Fehlersuche, vom langwierigen Entziffern des Lochcodes.
- Fehlerhafte Anweisungen im Programm können leicht ersetzt werden. Es ist nur nötig, die fehlerhafte Lochkarte aus dem Kartenstapel zu entfernen und durch eine korrigierte Lochkarte zu ersetzen. Alle anderen Lochkarten werden von der Korrektur nicht betroffen.

Die Möglichkeit, Fehler in Programmen einfach und rationell korrigieren zu können, ist sehr wertvoll, da ein umfangreiches Programm selten auf Anhieb richtig programmiert wird.

Andere Informationsträger, wie z. B. Lochstreifen, weisen die genannten Vorteile nicht auf.

Die Programmiersprache FORTRAN nutzt die Vorteile der Lochkarte bewußt aus. FORTRAN schreibt z. B. vor, daß nur jeweils eine einzige Anweisung auf einer Lochkarte stehen darf, selbst wenn Platz für zwei oder mehr Anweisungen vorhanden wäre. So braucht bei einer fehlerhaften Anweisung nur diese eine Karte korrigiert zu werden.

4.2. Das FORTRAN-Programmformular

Eingangs wurde schon darauf hingewiesen, daß das FORTRAN-Programmformular die Niederschrift des Primärprogramms erleichtern soll, indem die Eigenarten des Datenträgers und der Programmiersprache in geeigneter Weise berücksichtigt werden.

- Das Formular spiegelt einerseits den Aufbau der Lochkarte wieder. Die 80 Spalten des Formulars entsprechen den 80 Spalten der Lochkarte. In die Spalten des Formulars werden die zu lochenden Zeichen in die Spaltenpositionen handschriftlich eingetragen, in denen später auf der Lochkarte die entsprechenden Lochkombinationen erscheinen sollen. Da die Zeichen handschriftlich in Klartext in das Formular eingetragen werden, entspricht eine Zeile des Formulars einer Lochkarte.

  Mit Hilfe der in Programmformularen niedergelegten Primärprogramme können Datentypistinnen (Locherinnen) diese Programme ohne jegliche Programmierkenntnis auf Lochkarten übertragen.
- Das FORTRAN-Programmformular berücksichtigt andererseits auch die Eigenarten der Programmiersprache, indem es bestimmte Bereiche festlegt für
  - Kommentarankündigungen
  - Anweisungsnummern
  - Fortsetzungskarten
  - Anweisungen und
  - Kartenkennzeichnungen

  Diese Bereiche werden mit Hilfe von senkrecht durchgezogenen Linien im Formular deutlich hervorgehoben. Im folgenden soll auf die einzelnen Bereiche näher eingegangen werden.

FORTRAN

Programm ____________

Bearbeiter ____________ Datum ____________

Blatt

Anweisungs-nummer C bei Bem.		FORTRAN-Anweisung	Kennung
1 2 3 4 5	6	7 8 9 10 11 12 13 14 15 16 17 18 19 20 21 22 23 24 25 26 27 28 29 30 31 32 33 34 35 36 37 38 39 40 41 42 43 44 45 46 47 48 49 50 51 52 53 54 55 56 57 58 59 60 61 62 63 64 65 66 67 68 69 70 71 72	73 74 75 76 77 78 79 80
1			
2			
3			
4			
5			
6			
7			
8			
9			
10			
11			
12			
13			
14			
15			
16			
17			
18			
19			
20			
21			
22			
23			
24			
25			
26			
27			
28			
29			
30			

FORTRAN – Programmformular

4.2.1. Kommentarankündigungen

Ein C in der *ersten* Spalte kündigt der Datenverarbeitungsanlage einen Kommentar an. Kommentare sind zusätzliche Bemerkungen oder Erklärungen, die dem Programmierer helfen, das Programm übersichtlich zu gestalten, wie z. B. das Einfügen von Überschriften für Programmteile. Die DVA kommt ohne zusätzliche Erklärung aus. Daher braucht sie die Kommentare nicht zu berücksichtigen. Durch ein C in der ersten Spalte der Lochkarte wird der Compiler darauf hingewiesen, daß die folgenden Zeichen unberücksichtigt bleiben können, da sie nicht zum eigentlichen Programm gehören. Dies hat zur Folge, daß der Kommentar vom Compiler überlesen wird und keine Übersetzung in den Maschinencode erfolgt.

Kommentarzeilen können an beliebigen Stellen im Programm stehen. Der Kommentartext kann sich sofort an das C in der ersten Spalte anschließen. Er kann somit in den Spalten 2–80 stehen. Ist der Text länger als 79 Zeichen, muß eine neue Kommentarkarte benutzt werden.

Spalte 1 im FORTRAN-Programmformular:

Ein C in der ersten Spalte kündigt einen Kommentar an.

Der Kommentartext steht in den Spalten 2–80.

Beispiel:

Anweisungs-nummer C bei Bem.																													
1	2	3	4	5	6	7	8	9	10	11	12	13	14	15	16	17	18	19	20	21	22	23	24	25	26	27	28	29	30
C		K	M		I	S	T		D	E	R		K	I	L	O	M	E	T	E	R	S	T	A	N	D			
C		W	I	N	K	E	L		A	L	P	H	A		W	I	R	D		B	E	R	E	C	H	N	E	T	

4.2.2. Anweisungsnummern

Anweisungen können zu ihrer Kennzeichnung in den Spalten 1 bis 5 des FORTRAN-Programmformulars mit einer sog. Anweisungsnummer versehen werden. Die Anweisungsnummer dient u. a. im Programmablauf als Sprungziel für Sprunganweisungen (vgl. Abschnitt 9.1). An einer Stelle des Programms kann z. B. die Sprunganweisung stehen, daß zu einer Anweisung mit der Anweisungsnummer „n" gesprungen werden soll, um dort das Programm fortzusetzen.

Die Anweisungsnummer darf höchstens aus 5 Ziffern ohne Vorzeichen bestehen und muß rechtsbündig in die *Spalten 1 bis 5* des Formulars eingetragen werden.

Da eine Anweisungsnummer eine bestimmte Anweisung kennzeichnet, darf die gleiche Anweisungsnummer in einem Programm nicht mehrfach vorkommen, da sonst, z. B. für einen Sprungbefehl, das Sprungziel nicht eindeutig wäre.

Die Wahl der Anweisungsnummer für einen Befehl ist grundsätzlich beliebig. Eine bestimmte Reihenfolge muß nicht eingehalten werden. Zur leichteren Orientierung in großen Programmen empfiehlt es sich jedoch, die Anweisungsnummern möglichst fortlaufend zu vergeben.

Spalte 1–5:

Platz für Anweisungsnummern.

Die Anweisungsnummern müssen rechtsbündig geschrieben werden.

Beispiel:

1	2	3	4	5	6	7	8	9	10	11	12	13	14	15
		1	0	0		A	N	W	E	I	S	U	N	G

4.2.3. Fortsetzungskarten

Eine Lochkarte kann nur eine begrenzte Zahl von Zeichen aufnehmen. Besteht eine Anweisung jedoch aus mehr Zeichen als eine Lochkarte aufnehmen kann, so muß die Anweisung auf der folgenden Lochkarte fortgesetzt werden. Dies ist z. B. häufig bei längeren Formelausdrücken der Fall. In 4.1 wurde jedoch darauf hingewiesen, daß i. a. nur *eine* einzige Anweisung auf einer Lochkarte stehen darf. Bei Abweichungen von dieser allgemeinen Regel muß die Fortsetzungskarte so gekennzeichnet werden, daß sie von der Datenverarbeitungsanlage nicht als *neue* Anweisung interpretiert wird, sondern als Fortsetzungskarte einer vorhergehenden Anweisung.

Fortsetzungskarten müssen in *Spalte 6* ein Zeichen enthalten, das von „blank“[1]) oder 0 (Null) verschieden ist. Wenn auch zwei Lochkarten nicht zur Darstellung einer Anweisung genügen, können bis zu 19 Folgekarten aneinandergereiht werden, so daß eine Anweisung höchstens die auf 20 Lochkarten zur Verfügung stehende Zeichenmenge besitzen darf. Dies ist für die Praxis stets ausreichend.

Bei mehreren Fortsetzungskarten ist es zweckmäßig, sie in Spalte 6, bei 1 beginnend, fortlaufend zu numerieren, um die Reihenfolge der Karten zu dokumentieren.

Spalte 6:

Ein Zeichen, das von 0 oder „blank“ verschieden ist, zeigt in dieser Spalte eine Fortsetzungskarte an.

Ein „blank“ oder eine 0 zeigt in dieser Spalte an, daß es sich um keine Fortsetzungskarte handelt.

4.2.4. Anweisungen

In die Spalten 7 bis 72 werden die eigentlichen Befehle, die Anweisungen, eingetragen. Jede Zeile des FORTRAN-Programmformulars enthält nur eine Anweisung.

Spalte 7–72

Platz für Anweisungen

---

1) Für „Zwischenraum“ hat sich die englische Bezeichnung „blank“ eingebürgert. Den Zwischenraum erhält man durch Betätigung der „Leertaste“ des Lochkartendruckers.

4.2.5. Kartenkennzeichnung

Die Spalten 73 bis 80 werden von der Datenverarbeitungsanlage nicht verwertet. Diese Spalten eignen sich daher vorzüglich zur Numerierung der Karten eines Programms. Dies ist sehr nützlich, falls die Karten einmal durcheinander geraten sollten.

Spalte 73–80

Platz zur Kartenkennzeichnung

4.2.6. Besonderheiten bei Eintragungen in FORTRAN-Programmformulare

- Bei Eintragungen in das FORTRAN-Programmformular sollen nur Großbuchstaben verwendet werden, da der noch zu beschreibende FORTRAN-Zeichenvorrat (vgl. 5.1) zur Begrenzung der Zahl verschiedenartiger Zeichen nur Großbuchstaben beinhaltet.
- Um die handgeschriebene Ziffer 0 deutlich von dem handgeschriebenen Buchstaben O unterscheiden zu können, wird die Ziffer Null mit einem Schrägstrich versehen.
  Beispiel: 1Ø3;
  Diese Besonderheit gewinnt Bedeutung, wenn man bedenkt, daß der Programmierer das Primärprogramm vielfach einer Datentypistin übergibt, deren Aufgabe es ist, anhand des handschriftlichen Primärprogramms die zugehörigen Lochkarten zu erstellen. Sie kann nicht wissen, ob eine Null oder der Buchstabe O richtig ist. Dies muß daher deutlich aus der handschriftlichen Aufzeichnung hervorgehen.
- Weiterhin ist anzumerken, daß nicht mit Zeichen belegte Spalten (Leerzeichen, blank) beliebig zur Gewinnung einer besseren Übersicht in einer Anweisung benutzt werden können (Ausnahme: Spalte 6).

Folgende Schreibregeln gelten:

- **Die Ziffer Null wird Ø geschrieben.**
- **Es werden nur Großbuchstaben verwendet.**
- **Leerzeichen helfen, Anweisungen übersichtlich zu gestalten.**

5. FORTRAN-Sprachelemente

5.1. FORTRAN-Zeichenvorrat

Jede Sprache, wie z. B. Griechisch, Russisch, Arabisch, Chinesisch usw., läßt sich mit Hilfe einer bestimmten Anzahl von Grundsymbolen darstellen. Zu den Grundsymbolen im Griechischen zählen die griechischen Buchstaben. Im Russischen sind es die kyrillischen Buchstaben. Die arabische und die chinesische Schriftsprache besteht aus wieder anderen Grundsymbolen. Die Menge der Grundsymbole, aus der eine Sprache besteht, wird Zeichenvorrat genannt.

FORTRAN ist eine Programmiersprache. Wie jede andere Sprache besitzt auch sie einen begrenzten Zeichenvorrat.

Der Zeichenvorrat von FORTRAN umfaßt

- **26 Großbuchstaben (A bis Z)**
- **10 Ziffern (Ø bis 9)**
- **9 Sonderzeichen + − * / = , . ( )**

Andere Zeichen wie z. B. Sonderzeichen der Mengenlehre und der Logik, griechische Buchstaben, Ausrufungszeichen, Fragezeichen usw. kommen in FORTRAN nicht vor. Man hilft sich hier, falls nötig, durch Bildung von Wortsymbolen.

Die griechischen Buchstaben α, β, γ ... usw. könnte man z. B. mit dem vorhandenen Zeichenvorrat durch Wortsymbole wie ALPHA, BETA, GAMMA ... usw. ausdrücken.

Wie in einer normalen Sprache, in der aus Grundsymbolen Worte und Sätze gebildet werden, können auch in der Programmiersprache FORTRAN entsprechende Sprachelemente gebildet werden. Da FORTRAN mathematisch-naturwissenschaftlich orientiert ist, gehören zu den Sprachelementen insbesondere Konstanten, Variablen, Operationszeichen, Funktionen, arithmetische Ausdrücke und Zuordnungsanweisungen. Ihre Schreibweise unterliegt Regeln, die in den folgenden Abschnitten behandelt werden.

Aus dem FORTRAN-Zeichenvorrat werden alle FORTRAN-Sprachelemente gebildet.

5.2. Konstanten

Eine Konstante hat von Anfang an einen festen Wert, der durch eine bestimmte Zahl festgelegt wird.

Eine Konstante ist eine unveränderliche Größe.

Wegen der unterschiedlichen Art der Abspeicherung werden bei FORTRAN ganze Zahlen und Dezimalzahlen unterschieden.

5.2.1. Ganze Zahlen

Ganze Zahlen werden bei FORTRAN auch INTEGER-Zahlen genannt. Zu ihnen gehören alle Zahlen, die kein Dezimalzeichen enthalten. Das Vorzeichen − (Minus) muß geschrieben werden, während das Vorzeichen + (Plus) wie in der Mathematik fortfallen kann.

Beispiele für ganze Zahlen:

77; + 123; − 15; Ø

5.2.2. Dezimalzahlen

Dezimalzahlen werden bei FORTRAN auch REAL-Zahlen genannt. Zu ihnen gehören alle Zahlen, die ein Dezimalzeichen enthalten. Als *Dezimalzeichen* ist nur der *Punkt* erlaubt. Eine Dezimalzahl ohne Vorzeichen wird wie in der Mathematik als positiv interpretiert. Sollen ganze Zahlen wie Dezimalzahlen abgespeichert werden, so muß ein Dezimalpunkt am Ende der ganzen Zahl hinzugefügt werden.

Beispiele für Dezimalzahlen in FORTRAN:

3.14; − Ø.25; + 0.556; − 123.; 7.Ø

Bei FORTRAN werden ganze Zahlen (INTEGER-Zahlen) und Dezimalzahlen (REAL-Zahlen) unterschieden.

Als Dezimalzeichen ist bei REAL-Zahlen nur der Punkt erlaubt.

Dezimalzahlen können auch, wie in der Wissenschaft vielfach üblich, in Potenzschreibweise dargestellt werden. Diese Zahlen setzen sich aus einer Mantisse und einem Exponenten zusammen. Die Mantisse muß stets einen Dezimalpunkt enthalten. Der Exponent darf aus höchstens zwei Ziffern bestehen.

Beispiel

Mathematische Schreibweise	FORTRAN
$4{,}69 \cdot 10^{-7}$	4.69 E - 7
$7{,}13 \cdot 10^{15}$	7.13 E + 15
$-6 \cdot 10^{-6}$	- 6. E - 6

5.2.3. Zahlenbereich

Die Größe des Zahlenbereichs unterliegt gewissen Einschränkungen, die sich aus der Zahl der Speicherzellen und der Art der Abspeicherung ergeben. Dieser erlaubte Zahlenbereich ist maschinenabhängig. Er kann nicht allgemein angegeben werden.

5.3. Variable

Eine Variable hat nicht von Anfang an einen festen Wert, sondern ihr wird erst im Verlauf der Rechnung ein Wert zugeordnet. Mit ihrer Hilfe lassen sich Gesetzmäßigkeiten unabhängig vom jeweiligen Wert ausdrücken. Den variablen Größen werden dazu Namen gegeben.

Eine Variable steht stellvertretend für einen momentanen Wert.

5.3.1. Variablennamen

Der Variablenname läßt sich bei Datenverarbeitungsanlagen als symbolische Adresse der Speicherzelle auffassen, die zur Aufnahme des jeweiligen Zahlenwertes bereitsteht. Die Namensgebung für Variable unterliegt in FORTRAN folgenden Regeln:

Ein FORTRAN-Variablenname wird gebildet:

- **aus 1 bis 6 FORTRAN-Zeichen;**
- **das erste Zeichen muß ein Buchstabe sein;**
- **Sonderzeichen dürfen nicht verwendet werden.**

Beispiele für Variablennamen:

Richtig gebildete Variablennamen	Fehlerhaft gebildete Variablennamen	Fehler
SOLL	KM/H	Sonderzeichen
JAAHR	AUSGANG	7 Zeichen
MAI 74	14 JULI	Kein Buchstabe am Anfnag
KONTO 3	KONTO NR 3	8 Zeichen
HOOOF	Haus	Kleine Buchstaben

Beachte:
Variablennamen sind auch dann richtig, wenn es sich um eine fehlerhafte deutsche Schreibweise handelt, wie es die Variablennamen JAAHR und HOOOF in den Beispielen zeigen. Für den Fall, daß die Variable mehrfach in einem Programm benötigt wird, muß jedoch darauf geachtet werden, daß sie stets in gleicher Weise geschrieben wird, da der Compiler die Variablen sonst für unterschiedlich hält.

Variablennamen sind Symbole, die der Unterscheidung der Variablen voneinander dienen. Sie dürfen nur eindeutig verwendet werden.

Die Verwendung sinnvoller Variablennamen kann ein Programm transparenter machen. Um z. B. die Geschwindigkeit aus einer gegebenen Strecke und einer gegebenen Zeit zu berechnen, könnte man schreiben:

X = Y/Z,

wobei / das Divisionszeichen in FORTRAN darstellt. Verständlicher wird die Gleichung jedoch, wenn man z. B. schreibt:

GESCHW = ENTF / ZEIT

5.3.2. Variablentyp

Entsprechend dem Typ der Zahlenwerte, die Variablen annehmen sollen, unterscheidet man auch Variablen vom Typ INTEGER und REAL. Die Unterscheidung des Typs wird nach der *FORTRAN-Konvention* mit Hilfe des ersten Buchstabens des Variablennamens getroffen.

Die FORTRAN-Konvention besagt:

- **Variablen vom Typ INTEGER beginnen mit den Buchstaben I bis N (Eselsbrücke: Die Buchstaben I bis N sind die Anfangsbuchstaben des Wortes INTEGER).**
- **Variablen vom Typ REAL können mit allen anderen Buchstaben des Alphabetes beginnen.**

Beispiele zur Festlegung des Variablentyps:

Variable vom Typ:	
INTEGER	REAL
KONTO	SUMME
NR	PROD
INDEX	ALPHA
JAHR	BETA
NEIN	PI
JA	EXPON
LAMBDA	AUTO
MANN	FRAU

Beachte:

Die Variablennamen werden in der Regel so gewählt, daß aus ihnen ihre Bedeutung erkennbar wird. Die Variablennamen sind daher meist Abkürzungen des vollen Wortlautes. Nun kann es jedoch vorkommen, daß ein Wort mit einem Buchstaben beginnt, der nicht dem Typ der Variablen entspricht. Man hilft sich in diesem Falle so, daß man der Abkürzung einen Buchstaben des entsprechenden Typs voranstellt. Dies sei am Beispiel des Wortes „Stückzahl" erläutert. Die Stückzahl stellt immer einen ganzzahligen Ausdruck dar. Die Abkürzung „STKZ" stellt jedoch eine Variable vom Typ REAL dar. Eine Variable vom Typ INTEGER entsteht, wenn der Abkürzung ein Buchstabe von I bis N vorangestellt wird, wie z. B. „ISTCK". Ähnliches gilt für den umgekehrten Fall.

5.3.3. Indizierte Variable

Es ist vielfach sehr nützlich, wenn einer Variablen eine Folge von Werten zugeordnet werden kann.

Beispiel:

Aus Messungen liegen 100 Werte für Ströme und Spannungen vor. Die zugehörigen Leistungen sollen errechnet werden.

Folgende Tabelle wäre aufzustellen:

Strom	Spannung	Leistung
$i_1 = 1A$	$u_1 = 10V$	$p_1 = ?$
$i_2 = 2A$	$u_1 = 20V$	$p_2 = ?$
⋮	⋮	⋮
$i_{100} = 100A$	$u_{100} = 100\ V$	$p_{100} = ?$

Aus dem Beispiel wird der Zweck der Indizierung deutlich:

Die Indizierung bietet die Möglichkeit, Variable zu beziffern.

Zur Berechnung der Leistung wären folgende Gleichungen aufzustellen:

$$\begin{aligned} p_1 &= i_1 \cdot u_1 \\ p_2 &= i_2 \cdot u_2 \\ &\vdots \\ p_{100} &= i_{100} \cdot u_{100} \end{aligned}$$

Wollte man die Ergebnisse mit Hilfe eines FORTRAN-Programmes errechnen, so müßten diese 100 Gleichungen programmiert werden, obwohl sie sich nur in ihrem Index unterscheiden.

Eine einfachere Schreibweise ist möglich, wenn ein variabler Index benutzt wird. Dann würde sich der Schreibaufwand reduzieren auf

$$p_k = i_k \cdot u_k \qquad \text{für } k = 1, 2 \ldots 100$$

Der variable Index *k* läuft in der Gleichung von 1 bis 100 mit der Schrittweite 1.

Diese Schreiberleichterung ist auch in FORTRAN möglich. Allerdings ist die Kennzeichnung des Index durch Tieferstellen nicht möglich. Für FORTRAN gelten andere Schreibregeln.

Die Schreibregeln, die in FORTRAN bei einer Indizierung von Variablen zu beachten sind, lauten:

- **Die FORTRAN-Regeln (vgl. 5.3.1., 5.3.2) zur Bildung eines Variablennamens gelten uneingeschränkt weiter.**
- **Der dem Variablennamen folgende Index muß in Klammern gesetzt werden.**
- **Der Index muß ganzzahlig und positiv sein.**
  Ein *fester* Index muß aus einer ganzen positiven Zahl bestehen.
  Ein *variabler* Index muß aus einer Variablen vom Typ INTEGER bestehen.
- **Der Index darf selbst nicht noch einmal indiziert werden.**
- **Variablen dürfen mehrfach indiziert werden. Die Indizes werden durch Kommata voneinander getrennt. Die maximale Zahl der Indizes ist je nach Art des Compilers begrenzt. Bis zu drei Indizes können jedoch von jedem FORTRAN-Compiler bewältigt werden.**
- **Indizes können auch bestimmte Formen von arithmetischen Ausdrücken sein (i.a. folgende Formen: I + K; I – K; K * I; K_1 * I + K_2; K_1 * I – K_2; I vorzeichenlose, nicht indizierte Variable vom Typ INTEGER; K, K_1, K_2 vorzeichenlose Konstanten).**

Beispiele für indizierte Variablen:

Mathematische Schreibweise	FORTRAN
t_{10}	T (1Ø)
b_i	B (I)
$y_{k,i}$	Y (K, I)
z_{n+1}	Z (N + 1)

5.3.4. Felder

Die Menge aller indizierten Variablen, die den gleichen Variablennamen haben, werden als Feld bezeichnet.

Eine bestimmte Variable kann durch ihren Index innerhalb des Feldes angesprochen werden.

Es müssen für jedes Feld so viele Speicherplätze bereitgestellt werden, wie Feldkomponenten vorhanden sind. Dies wird dem Compiler durch eine Feldanweisung übermittelt.

Die Feldanweisung, die dazu dient, genügend Speicherplätze für die Felder des Programms vorzusehen, wird in folgender Form allgemein dargestellt:

DIMENSION V_1 (m_1), V_2 (m_2), . . . , V_n (m_n) [1]

[1] Die fett gedruckten Zeichen sind in jeder Feldanweisung gleich

In der Feldliste werden alle im Programm vorkommenden Felder $V_1, V_2, \ldots, V_n$ durch Nennung des Feldnamens (Name aller Variablen eines Feldes) und des Indexmaximalwertes $m_1, m_2, \ldots, m_n$ (in Klammern) in beliebiger Reihenfolge aufgeführt. Dabei ist darauf zu achten, daß es nicht nur Eingabe-, sondern auch Ausgabefelder gibt.

Die einzelnen Felder sind durch Kommata zu trennen.

Beispiel einer Feldanweisung:

DIMENSION A (5), B (10, 15), C (3)

Dies bedeutet:

Für die indizierte Variable A werden 5 Speicherplätze reserviert.
Für die indizierte Variable B werden $10 \cdot 15 = 150$ Speicherplätze reserviert.
Für die indizierte Variable C werden 3 Speicherplätze reserviert.

Die Feldanweisung muß im Programm erscheinen, bevor die erste indizierte Variable auftritt.

Vielfach wird die Feldanweisung daher an den Programmanfang gesetzt.

Für den Programmierer ist es insbesondere bei mehrdimensionalen Feldern wichtig zu wissen, in welcher Reihenfolge die Feldkomponenten den Speicherplätzen zugeordnet werden.

Bei mehrfachen Indizes durchlaufen die vorderen Indizes ihre Werte schneller als die nachfolgenden.

Beispiel:

Diese Speicher-Regel wird anhand der nebenstehenden zweidimensionalen Matrix A (4,3) näher erläutert. Die Pfeile geben die Reihenfolge der Speicherung der einzelnen Matrixelemente an.

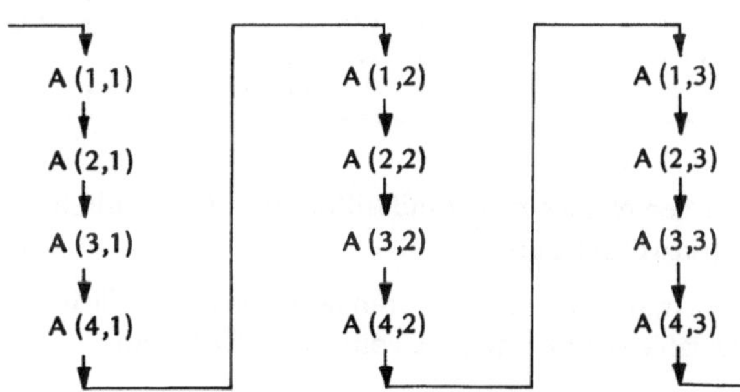

5.4. Operationszeichen

Operationszeichen geben die auszuführende mathematische Operation an. Durch sie wird das Rechenwerk der DVA zu bestimmten Rechenschritten veranlaßt.

FORTRAN kennt folgende arithmetische Operatoren:

Operation	FORTRAN
Addition	+
Subtraktion	–
Multiplikation	*
Division	/
Potenzbildung	**

Andere arithmetische Operationen wie z. B. das Wurzelziehen und Logarithmieren, werden nicht durch derartige Sonderzeichen ausgedrückt, sondern mit Hilfe sogenannter Standardfunktionen, auf die im folgenden Kapitel eingegangen wird.

5.5. Standardfunktionen

Um technisch-mathematische Probleme lösen zu können, werden außer den genannten Operationen auch noch gewisse Standardfunktionen, wie z. B. sin, cos, log usw., benötigt. Eine Reihe dieser Standardfunktionen liegen im Speicher einer DVA fest programmiert vor und können durch Nennung ihres Namens aufgerufen und wie Variablen gebraucht werden.

Viele Operationen, die nicht zu den genannten arithmetischen Operationen gehören, werden mit Hilfe von Standardfunktionen ausgedrückt.

Die gebräuchlichsten Standardfunktionen zeigt die folgende Tabelle:

Übliche Schreibweise	Bedeutung	FORTRAN
$\sqrt{x}$	Quadratwurzel	SQRT (X)
e^x	Exponentialfunktion	EXP (X)
$\ln x$	Natürl. Logarithmus	ALOG (X)
$\sin \alpha$	Sinus	SIN (ALPHA)
$\cos \alpha$	Cosinus	COS (ALPHA)
$\text{arc} \tan \alpha$	Arcustangens	ATAN (ALPHA)
$\lvert x \rvert$	Absolutwert	ABS (X)

Auf den Namen der Standardfunktion folgt, durch Klammern getrennt, das Argument der Standardfunktion.

Die Argumente der o.a. Standardfunktionen dürfen beliebige arithmetische Ausdrücke, Variable oder Konstante vom Typ REAL sein.

Beispiele für einfache Standardfunktionen:

Mathematische Schreibweise	FORTRAN
$\sqrt{5}$	SQRT (5.)
e^{λ}	EXP (ALAMD)

Bei den Winkelfunktionen, wie sin, cos usw., muß man beachten, daß das Argument im Bogenmaß eingesetzt wird und *keinesfalls* im Gradmaß.

Für die Umrechnung vom Gradmaß in das Bogenmaß gilt die Formel:

$$\text{Bogenmaß} = \frac{\pi}{180^\circ} \cdot \text{Grad} \quad \text{bzw.}$$

$$\text{Bogenmaß} = 0{,}017453 \cdot \text{Grad}$$

Liegt nur das Gradmaß vor, muß es mit der konstanten Zahl 0,017453 multipliziert werden, um das Bogenmaß zu erhalten.

Beispiele:

Mathematische Schreibweise	FORTRAN
$\sin \frac{\alpha^\circ \pi}{180^\circ}$ (α im Gradmaß)	SIN (ALPHA * PI/18Ø.) SIN (ALPHA * Ø.Ø17453)
$e^{n\sqrt{y}}$	EXP (AN * SQRT (Y))

Die Standardfunktionen sind so ausgewählt, daß sich andere mathematische Funktionen leicht durch sie ausdrücken lassen.

Beispiel:

Mathematische Schreibweise	FORTRAN
$\tan^3 x$	(SIN (X)/COS (X)) ** 3

5.6. Zusammenfassung

Zeichenvorrat

Der FORTRAN-Zeichenvorrat umfaßt

- 26 Großbuchstaben
- 10 Ziffern
- 9 Sonderzeichen + – * / = , . ( )

Aus dem FORTRAN-Zeichenvorrat werden alle FORTRAN-Sprachelemente gebildet.

Konstante

Eine Konstante hat einen festen Wert, der durch eine Zahl festgelegt wird.

Bei FORTRAN werden ganze Zahlen (INTEGER-Zahlen) und Dezimalzahlen (REAL-Zahlen) unterschieden.

Als Dezimalzeichen ist bei REAL-Zahlen nur der Punkt erlaubt.

Variable

Eine Variable steht stellvertretend für einen momentanen Wert. Den variablen Größen werden dazu symbolische Namen gegeben. Sie dienen der Unterscheidung der Variablen voneinander und dürfen daher nur eindeutig verwendet werden.

Ein FORTRAN-Variablenname wird gebildet:

- aus 1 bis 6 FORTRAN-Zeichen;
- das erste Zeichen muß ein Buchstabe sein;
- Sonderzeichen dürfen nicht verwendet werden.

Die FORTRAN-Konvention legt den Variablentyp wie folgt fest:

- **Variablen vom Typ INTEGER beginnen mit den Buchstaben I bis N**
- **Variablen vom Typ REAL können mit allen anderen Buchstaben des Alphabetes beginnen.**

Indizierte Variable

Das Wesen der Indizierung liegt in der Möglichkeit, Variablen zu beziffern. Bei der Indizierung in FORTRAN sind folgende Regeln zu beachten:

- Die FORTRAN-Regeln zur Bildung eines Variablennamens gelten uneingeschränkt weiter.
- Der dem Variablennamen folgende Index muß in Klammern gesetzt werden,
- Der Index muß ganzzahlig und positiv sein.
- Der Index darf selbst nicht noch einmal indiziert werden.
- Variablen dürfen mehrfach indiziert werden. Die Indizes werden durch Kommata voneinander getrennt.

Felder

Die Menge aller indizierten Variablen, die den gleichen Variablennamen haben, werden als Feld bezeichnet.

Die Feldanweisung, die dazu dient, genügend Speicherplätze für die Felder des Programms vorzusehen, wird in folgender Form allgemein dargestellt:

DIMENSION $V_1\,(m_1), V_2\,(m_2), \ldots, V_n\,(m_n)$

Die Feldanweisung muß im Programm erscheinen, bevor die erste indizierte Variable auftritt.

Bei mehrfachen Indizes durchlaufen die vorderen Indizes ihre Werte schneller als die nachfolgenden.

Operationszeichen

FORTRAN kennt folgende arithmetische Operationen:

+ – * / **

Standardfunktionen

Viele Operationen, die nicht zu den genannten arithmetischen Operationen gehören, werden mit Hilfe von Standardfunktionen ausgedrückt.

Auf den Namen der Standardfunktionen folgt, durch Klammern getrennt, das Argument der Standardfunktion.

Bei den Winkelfunktionen muß man beachten, daß das Argument im Bogenmaß eingesetzt wird und keinesfalls im Gradmaß.

5.7. Übungsaufgaben

Die Lösungen der Übungsaufgaben befinden sich in Kap. 13.

Aufgabe 5.1

Gehören die folgenden Zeichen zum FORTRAN-Zeichenvorrat? Tragen Sie die Kreuze unter „Ja" bzw. „Nein" ein.

Nr.	Zeichen	Ja	Nein
1.	T	O	O
2.	d	O	O
3.	=	O	O
4.	;	O	O
5.	γ	O	O
6.	≠	O	O
7.	2	O	O
8.	?	O	O
9.	III	O	O
10.	Λ	O	O
11.	}	O	O
12.	*	O	O

Aufgabe 5.2

Sind die folgenden Variablennamen zulässig?

Nr.	Variablenname	Ja	Nein
1.	GERDA	O	O
2.	WOLFGANG	O	O
3.	B4	O	O
4.	BUSTR 4	O	O
5.	23 KIEL	O	O
6.	DM/STK	O	O
7.	NR 789Ø5	O	O
8.	LoS 3	O	O

Aufgabe 5.3

Welcher Variablentyp wird durch folgende Variablennamen festgelegt?

Nr.	Variablennamen	INTEGER	REAL
1.	JOCHEN	O	O
2.	LOS 3	O	O
3.	GOETHE	O	O
4.	ALPHA	O	O
5.	NR 58	O	O
6.	X7Q	O	O

Aufgabe 5.4

Geben Sie für die folgenden indizierten Variablen die FORTRAN-Schreibweise an!

Nr.	Mathematische Schreibweise	FORTRAN
1.	β_1	
2.	$Str._{NR}$	
3.	$U_{L, M, N}$	
4.	$Feld_{m+n}$	
5.	$\varphi_{4\mu, k1}$	

Aufgabe 5.5

Ist die folgende Schreibweise für indizierte Variable richtig?

Nr.	Indiz. Variable	Zulässig	Unzulässig
1.	P (3)	○	○
2.	UMFANG (A)	○	○
3.	SUMME (K)	○	○
4.	KONTO (– 1Ø)	○	○
5.	EING 3	○	○
6.	EINGANG (2)	○	○
7.	T45 (1)	○	○
8.	GAMMA 1 (4,3,KK)	○	○
9.	M (I – 3, 2 * N + 6)	○	○

Aufgabe 5.6

Drücken Sie die folgenden Funktionen durch FORTRAN-Standardfunktion aus!

Nr.	Funktion in mathematischer Schreibweise	FORTRAN
1.	$\sqrt{a+b}$	
2.	$\cot a$	
3.	$\cos \beta$	
4.	e^{RT}	
5.	$\lvert\sqrt{a+b}\rvert$	

6. Programmsätze

Bisher wurden nur einzelne Sprachelemente wie Zahlen, Variablen usw. besprochen. Sie lassen sich mit Worten der Umgangssprache vergleichen. Allein genommen ergeben sie noch keinen Sinn. Erst im Satz erhält das einzelne Wort seinen Sinn. Dies ist auch bei einer Programmiersprache so. Aus den einzelnen Sprachelementen müssen Programmsätze gebildet werden, die eine DVA versteht. Das Programm besteht dann seinerseits aus einer Folge von Sätzen.

Ziel der folgenden Abschnitte ist es, die zum Programmieren notwendigen Satzformen kennenzulernen. Dabei sind prinzipiell zwei Programmsätze zu unterscheiden:

- Anweisungen und
- Vereinbarungen

Anweisungen **bewirken, daß die DVA Operationen ausführt, die dem Fortgang der Rechnung dienen.**

Vereinbarungen **bewirken, daß die DVA Zusatzinformationen erhält, die sie zur richtigen Ausführung der Anweisungen benötigt.**

7. Die arithmetische Zuordnungsanweisung

7.1. Der arithmetische Ausdruck

Der arithmetische Ausdruck ist, wie noch ausführlich gezeigt wird, Teil der arithmetischen Zuordnungsanweisung. Er besteht aus Konstanten, Variablen und Standardfunktionen, die mit Hilfe von arithmetischen Operatoren verknüpft werden können.

Arithmetische Ausdrücke stellen Vorschriften zur Berechnung von Zahlenwerten dar.

7.2. Die allgemeine Form der arithmetischen Zuordnungsanweisung

Die arithmetische Zuordnungsanweisung sieht in der Programmiersprache FORTRAN äußerlich wie eine mathematische Gleichung aus. Dennoch bestehen gravierende Unterschiede. Das Gleichheitszeichen hat in der arithmetischen Zuordnungsanweisung die Bedeutung eines „Ergibtzeichens“. Bei der arithmetischen Zuordnungsanweisung wird, wie der Name auch andeutet, der Wert eines arithmetischen Ausdrucks einer Variablen zugeordnet. Damit die Zuordnung vom Compiler stets richtig getroffen werden kann, steht der arithmetische Ausdruck, aus dem der Wert der Variablen ermittelt wird, auf der rechten Seite des Gleichheitszeichens, während die Variable, der der Wert des arithmetischen Ausdrucks zugewiesen wird, stets auf der linken Seite des Gleichheitszeichens steht.

Die arithmetische Zuordnungsanweisung hat die allgemeine Form:

Variable = arithmetischer Ausdruck

Der Wert der linksstehenden Variablen *ergibt* sich aus dem Wert des rechsstehenden arithmetischen Ausdrucks oder anders ausgedrückt:

Der Wert des rechtsstehenden arithmetischen Ausdrucks wird der linksstehenden Variablen *zugeordnet*.

Beispiele für arithmetische Zuordnungsanweisungen:

Arithmetische Zuordnungsanweisung	Erläuterung
PI = 3.14	Der Variablen mit dem Variablennamen PI wird der Zahlenwert 3.14 zugeordnet. Technisch gesehen spielt sich folgender Vorgang bei der Zuordnung ab: In dem für die Variable PI bereitgehaltenen Speicherplatz der DVA wird durch diese Zuordnung der Zahlenwert 3.14 abgespeichert.
X = Z * Y	Der Variablen mit dem Variablennamen X wird der Wert des Produktes der Variablen Z und Y zugeordnet. Technisch gesehen spielt sich folgender Vorgang bei der Zuordnung ab: Der Wert der Variablen Z wird mit dem Wert der Variablen Y multipliziert und das Ergebnis in dem für die Variable X bereitgehaltenen Speicherplatz der DVA abgespeichert.
I = I + 1	Diese arithmetische Zuordnungsanweisung bewirkt, daß der Wert der Variablen mit dem Variablennamen I um 1 erhöht wird. Technisch spielt sich folgender Vorgang bei der Zuordnung ab: Der Wert der Variablen I, der in der Speicherzelle mit der symbolischen Adresse I enthalten ist, wird um 1 erhöht. Der sich daraus ergebende Wert wird nun in dem Speicherplatz der Variablen I der DVA abgespeichert. Der ursprüngliche Wert der Variablen I wird bei diesem Vorgang vernichtet, oder, wie man auch sagt, durch den neuen Wert überschrieben. Dieses Beispiel zeigt deutlich den Unterschied zwischen einer arithmetischen Zuordnungsanweisung und einer Gleichung. Die Form I = I + 1 ist als Gleichung sinnlos.

Bei dem Aufbau komplizierterer arithmetischer Ausdrücke in arithmetischen Zuordnungsanweisungen ist es wichtig, einige Regeln zu beachten. Sie sollen in den folgenden Abschnitten angegeben und erläutert werden.

7.3. Die Rangordnung arithmetischer Operatoren

In der Mathematik werden die einzelnen arithmetischen Rechenoperationen nach einer festen Rangordnung abgearbeitet. Die Rangordnung findet Ausdruck in der bekannten Regel

Punktrechnung vor Strichrechnung

Da FORTRAN eine mathematisch-naturwissenschaftlich orientierte Programmiersprache ist, gilt auch für sie die in der Mathematik gebräuchliche Rangfolge.

Für die Rangordnung arithmetischer Operatoren gilt:

Punktrechnung vor Strichrechnung
Rang 1: ** (Potenz)
Rang 2: * und /
Rang 3: + und −

Stehen mehrere arithmetische Operatoren verschiedenen Ranges in einer Anweisung, so werden die Verknüpfungen entsprechend ihrer Rangfolge abgearbeitet.

Beispiele für die Behandlung arithmetischer Operatoren verschiedenen Ranges in arithmetischen Ausdrücken:

Arithmetische Zuordnungsanweisung	Erläuterung
A = B + C * D ** 4 1. 2. 3. 4.	Die Rechenvorschrift wird schrittweise abgearbeitet. . *1. Schritt:* Die ranghöchste Rechenoperation wird ausgeführt. In diesem Beispiel wird also zunächst D ** 4 (D^4) errechnet. *2. Schritt:* Von den verbliebenen Rechenoperationen wird die davon ranghöchste Rechenoperation ausgeführt. In diesem Beispiel wird das Ergebnis von D ** 4 mit C multipliziert. *3. Schritt:* Letztlich wird die Rechenoperation mit dem niedrigsten Rang ausgeführt. Das Ergebnis aus dem 2. Rechenschritt wird zu B addiert. *4. Schritt:* Das Ergebnis der gesamten Rechenoperation wird der Variablen A zugeordnet.
A = B * C ** 3 + D 1. 2. 3. 4.	Die Rechenvorschrift wird schrittweise abgearbeitet: *1. Schritt:* Die erste Rechenoperation, die ausgeführt wird, ist C ** 3. *2. Schritt:* Die zweite Rechenoperation, die ausgeführt wird, ist die Multiplikation von B mit dem Ergebnis von C ** 3. *3. Schritt:* Die dritte Rechenoperation, die ausgeführt wird, ist die Addition von D zu dem Ergebnis von B * C ** 3. *4. Schritt:* Das Ergebnis der dritten Rechenoperation wird der Variablen A zugeordnet.

In arithmetischen Ausdrücken stehen jedoch nicht nur Operatoren mit unterschiedlichen Rängen.

Stehen mehrere gleichrangige arithmetische Operatoren in einem Ausdruck, so werden sie in der Reihenfolge von links nach rechts behandelt.

Beispiele für die Behandlung arithmetischer Operatoren gleichen Ranges in arithmetischen Ausdrücken:

Arithmetische Zuordnungsanweisung	Erläuterung
A = B * C + D * E 1. (B * C) 2. (D * E) 3. (B * C + D * E) 4. (A = …)	Die Rechenvorschrift wird in folgenden Schritten abgearbeitet: *1. Schritt:* Die ranghöchste Rechenoperation, hier die Multiplikation, soll der Rangfolge entsprechend zuerst ausgeführt werden. Da jedoch zwei Rechenoperationen von gleichem Rang vorhanden sind, wird die am weitesten links stehende Rechenoperation, d. h. das Produkt von B und C, zuerst ausgeführt. *2. Schritt:* Die verbliebene Rechenoperation vom gleichen Rang, das Produkt von D und E, wird als nächstes ausgeführt. *3. Schritt:* Die beiden gewonnenen Produkte werden addiert. *4. Schritt:* Das Ergebnis der gesamten Rechenoperation wird der Variablen A zugeordnet.
A = B + C – D * E/F 1. (D * E) 2. (D * E/F) 3. (B + C) 4. (B + C – D * E/F) 5. (A = …)	Die Rechenvorschrift wird in folgenden Schritten abgearbeitet. *1. Schritt:* Die erste Rechenoperation, die ausgeführt wird, ist die Multiplikation von D und E. *2. Schritt:* Die nächste Rechenoperation ist die Division des im ersten Schritt gewonnenen Ergebnisses durch F. *3. Schritt:* Die nächste Rechenoperation ist die Addition von B und C. *4. Schritt:* Die nächste Rechenoperation ist die Subtraktion des im zweiten Schritt gewonnenen Ergebnisses von dem im dritten Schritt gewonnen Ergebnis. *5. Schritt:* Das Ergebnis aller Rechenoperationen wird der Variablen A zugeordnet.

Bei der Übertragung der mathematischen Schreibweise arithmetischer Ausdrücke in die zugehörige FORTRAN-Schreibweise ist insbesondere darauf zu achten, daß der Multiplikationsoperator, der in der mathematischen Schreibweise vielfach fortgelassen wird, geschrieben werden muß.

Der Multiplikationsoperator darf in arithmetischen FORTRAN-Ausdrücken nicht fortgelassen werden.

Beispiel:

Mathematische Schreibweise	FORTRAN-Schreibweise
$a = \frac{bc}{de}$	A = B * C/D/E

7.4. Klammerausdrücke

Klammerausdrücke werden in der Mathematik benötigt, wenn eine andere Reihenfolge ausgeführt werden soll als durch die Rangfolge der Operatoren vorgegeben ist. Bei FORTRAN gelten die aus der Mathematik bekannten Klammerregeln.

Klammerausdrücke haben vor den arithmetischen Operatoren Vorrang.
Innere Klammerausdrücke haben Vorrang vor den äußeren Klammerausdrücken.
Gleichrangige Klammerausdrücke werden von links nach recht behandelt.

Beispiele für Klammerausdrücke:

Arithmetische Zuordnungsanweisung	Erläuterung
A = (V * S + R) * H 1. 2. 3. 4.	Die Rechenvorschrift wird in folgenden Schritten abgearbeitet: *1. Schritt:* Die Berechnung der Klammer hat Vorrang. Innerhalb der Klammer gilt die Rangordnung der Operatoren. Die erste Rechenoperation ist daher die Multiplikation von V und S. *2. Schritt:* Die zweite Rechenoperation ist die Addition von R zum Ergebnis, welches im ersten Schritt gewonnen wurde. *3. Schritt:* In einem dritten Rechenschritt wird das Ergebnis des zweiten Rechenschritts mit dem Wert von H multipliziert. *4. Schritt:* Das Ergebnis des dritten Schrittes wird der Variablen A zugeordnet.
G = A * ((B + E) * D − F) 1. 2. 3. 4. 5.	Bei diesem Beispiel ist insbesondere die Regel „innere Klammer vor äußerer Klammer" zu beachten. Die unter der Gleichung angeordneten Klammern zeigen die Reihenfolge der Bearbeitungsschritte an.
E = A * (B + S) − D/(P + Q) 1. 2. 3. 4. 5. 6.	Bei diesem Beispiel ist insbesondere die Regel „gleichrangige Klammerausdrücke werden von links nach rechts behandelt" zu beachten. Die unter der Gleichung angeordneten Klammern zeigen die Reihenfolge der Bearbeitung an.

7.5. Vorzeichen

Es kommt häufig vor, daß Operationszeichen und Vorzeichen direkt aufeinander folgen. Der Compiler kann diesen Unterschied jedoch nicht erkennen. Für ihn folgen zwei arithmetische Operatoren aufeinander, von denen er nicht weiß, welche dieser Operationen ausgeführt werden soll. Aus diesem Grunde ist es in arithmetischen FORTRAN-Ausdrücken nicht erlaubt, daß zwei arithmetische Operatoren *unmittelbar* aufeinander folgen.

Zwei arithmetische Operatoren dürfen nie unmittelbar aufeinander folgen.

Die vorzeichenbehaftete Variable ist daher stets in Klammern einzuschließen.

Beispiele für vorzeichenbehaftete Variable:

A = B * (– C) ist erlaubt; PSI = A – (+ B) ist erlaubt;	A = B * – C ist verboten PSI = A – + B ist verboten

7.6. Die Typzuordnung bei arithmetischen Ausdrücken

In einem arithmetischen Ausdruck können Konstanten und Variablen verschiedenen Typs (INTEGER bzw. REAL) vorkommen. Bei manchen Datenverarbeitungsanlagen müssen alle Glieder eines arithmetischen Ausdruckes vom gleichen Typ sein. Damit die geschriebenen FORTRAN-Programme auf allen Datenverarbeitungsanlagen eingesetzt werden können, empfiehlt es sich, stets einen einheitlichen Typ für die Glieder eines arithmetischen Ausdruckes zu wählen. Dies bedeutet, daß alle Glieder eines arithmetischen Ausdruckes vom Typ INTEGER bzw. vom Typ REAL sein sollten.

Die Glieder eines arithmetischen Ausdruckes sollen vom gleichen Typ sein.

Beispiele für die Typzuordnung arithmetischer Ausdrücke:

Arithmetische Zuordnungsanweisung	Erläuterung
I = K + N	Der arithmetische Ausdruck K + N besteht aus zwei INTEGER-Variablen.
A = PI * 3.	Der arithmetische Ausdruck PI * 3. besteht aus einer REAL-Variablen PI und der Konstanten 3. vom Typ REAL (Dezimalpunkt!).

Ausnahme:

Bei der Typzuordnung von Potenzen darf die Potenz auch vom Typ INTEGER sein, selbst wenn die Basis vom Typ REAL ist. In diesem Fall berechnet die DVA die Potenz durch entsprechend oft wiederholte Multiplikation. Ist der Exponent vom Typ REAL, dann berechnet die DVA die Potenz mit Hilfe der Standardfunktionen EXP und ALOG nach der Formel

$$a^b = e^{b \cdot \ln a}$$

7.7. Die Typzuordnung bei arithmetischen Zuordnungsanweisungen

Der sich aus einem arithmetischen Ausdruck ergebende Wert muß einer Variablen entsprechenden Typs zugeordnet werden, da sonst eine Typumwandlung stattfindet.

Beispiel einer Typumwandlung:

```
I = 124.57
```

Der Variablen I soll der Wert 124,57 zugeordnet werden. Bei der Zuordnung wird die REAL-Zahl 124,57 einer INTEGER Variablen I zugeordnet. Durch diese Typumwandlung wird nur der ganzzahlige Anteil der Dezimalzahl abgespeichert. Der Anteil nach dem Komma fällt ohne Auf- oder Abrundung vollkommen fort.

Wenn die Absicht besteht, die ursprüngliche Dezimalzahl bei der Zuordnung zu erhalten, muß eine Variable vom Typ REAL gewählt werden, wie z. B.

```
AI = 124.57
```

Die Variable muß dem Typ der arithmetischen Anweisung entsprechen.

Für die Wahl des Variablentyps einer arithmetischen Zuordnungsanweisung können folgende *Faustregeln* verwendet werden:

Die Variable ist vom Typ INTEGER, wenn

- alle Glieder des arithmetischen Ausdrucks vom Typ INTEGER sind *und* wenn außerdem nur addiert, subtrahiert, multipliziert oder potenziert wird.

Die Variable ist vom Typ REAL, wenn

- auch nur ein Glied des arithmetischen Ausdrucks vom Typ REAL ist *oder* wenn im arithmetischen Ausdruck eine Division vorkommt.

7.8. Zusammenfassung

Arithmetische Ausdrücke stellen Vorschriften zur Berechnung von Zahlenwerten dar.

Eine arithmetische Zuordnungsanweisung hat die allgemeine Form:

Variable = arithmetischer Ausdruck.

Der Wert des rechtsstehenden arithmetischen Ausdrucks wird der linksstehenden Variablen zugeordnet.

Bei dem Aufbau von arithmetischen Ausdrücken sind einige Regeln zu beachten:

- Stehen mehrere arithmetische Operatoren verschiedenen Ranges in einer Anweisung, werden die Verknüpfungen mit dem höchsten Rang zuerst behandelt.

  Für die Rangordnung arithmetischer Operatoren gilt:

  Rang 1: **
  Rang 2: * und /
  Rang 3: + und −
- Stehen mehrere gleichrangige arithmetische Operatoren in einem arithmetischen Ausdruck, werden sie in der Reihenfolge von links nach rechts behandelt.
- Der Multiplikationsoperator darf in arithmetischen FORTRAN-Ausdrücken nicht fortgelassen werden.

- **Klammerausdrücke haben vor den arithmetischen Operatoren Vorrang.**
- **Innere Klammerausdrücke haben Vorrang vor den äußeren Klammerausdrücken.**
- **Gleichrangige Klammerausdrücke werden von links nach rechts behandelt.**
- **Zwei arithmetische Operatoren dürfen nie unmittelbar aufeinander folgen.**
- **Die Glieder eines arithmetischen Ausdruckes sollen vom gleichen Typ sein (mögliche Ausnahme: Potenzen).**
- **Die Variable muß dem Typ der arithmetischen Anweisung entsprechen.**

7.9. Übungsaufgaben

Mit Hilfe der folgenden Übungsaufgaben soll das Schreiben und Lesen von FORTRAN-Formelausdrücken geübt werden. Die Lösungen befinden sich in Kap. 13. Zusätzlich zu Lösung werden in der Spalte „Bemerkung" Hinweise gegeben, auf welche Punkte besonders zu achten ist, um Fehler zu vermeiden.

Schon einmal angeführte Hinweise wurden in den darauf folgenden Formeln nicht mehr aufgeführt.

Aufgabe 7.1

Übertragen Sie die folgenden Formeln aus der in der Mathematik üblichen Formelschreibweise in die FORTRAN-Schreibweise.

Nr.	Mathem. Schreibweise	FORTRAN-Schreibweise
1.	$U = 2\pi r$	
2.	$F = \pi r^2$	
3.	$c = a + 2b^{-3}$	
4.	$h = a + \frac{b}{c} + fd^e - g$	
5.	$x = a(b - cd)$	
6.	$y = \frac{a}{5 + 2b}$	
7.	$y = \frac{a}{5} + 2b$	
8.	$e = \frac{ab}{cd}$	
9.	$e = \frac{7}{8}(x - y)$	
10.	$c = \sqrt{a^2 + b^2}$	
11.	$a = \cos \alpha$	
12.	$b = \tan^3 X$	
13.	$y = \lvert a \rvert + \lvert b - c \rvert$	

Aufgabe 7.2

Übertragen Sie die folgenden Formeln aus der FORTRAN-Schreibweise in die in der Mathematik üblichen Formelschreibweise.

Nr.	FORTRAN-Schreibweise	Mathem. Schreibweise
1.	X = 4. * 3.14 * R ** 3/3.	
2.	Y = 1/(M ** (- 2) - N ** (- 2))	
3.	Z = (1. - 2. * I) ** (1./3.)	
4.	U = EXP (- Y * Y/(2. * PI * S))	
5.	V = EXP (N * ALOG (Y))	
6.	Y = ALOG ((ABS ((X + 1)/X))	
7.	W = ((A + B) ** 2) ** (1./5.)	
8.	AN = A * (1. - EXP (- T/2))	
9.	G = A ** ((N ** 2) - 1.)	
10.	C = SQRT (A * A + B * B - 2. * A * B * COS (G))	
11.	RS = SQRT (R * R + (OM * AL - 1./(OM * C)) ** 2)	

8. Boolesche Zuordnungsanweisungen

Es gibt eine Reihe von Problemen, z.B. in der Schaltalgebra, die zu ihrer Bewältigung zweiwertige Größen benötigen. Die Verknüpfung dieser Größen fällt in das Gebiet der Booleschen Algebra.[1])

8.1. Boolesche Aussagen

Boolesche Aussagen stellen weder den Inhalt noch die Bedeutung von Aussagen fest, sondern untersuchen, ob sie wahr oder falsch sind.

Beispiele für Boolesche Aussagen:

Aussage	Log. Wert der Aussage
Hamburg liegt an der Elbe	wahr
Moskau liegt in Deutschland	falsch
$10 < 20$	wahr
$30 < 20$	falsch

Boolesche Aussagen haben die Eigenschaft, wahr oder falsch zu sein.

1) G. Boole (1815–1864); Engl. Mathematiker. Einer der Begründer der mathematischen Logik.

8.2. Boolesche Ausdrücke

Boolesche Ausdrücke sind, ähnlich wie arithmetische Ausdrücke bei arithmetischen Zuordnungsanweisungen, Teil der Booleschen Zuordnungsanweisungen. Sie bestehen aus Booleschen Konstanten und Variablen, die mit Hilfe von Booleschen Operatoren verknüpft sein können. Eine Sonderstellung nehmen Vergleichsoperatoren ein, die arithmetische Ausdrücke vergleichen. Diese Größenbeziehung kann entweder wahr oder falsch sein, und ist somit eine Boolesche Aussage. Der Vergleichsausdruck gehört daher zu den Booleschen Ausdrücken.

Boolesche Ausdrücke stellen Vorschriften zur Berechnung von Wahrheitswerten dar.
Boolesche Ausdrücke können sein

- **Boolesche Konstanten**
- **Boolesche Variablen**
- **Boolesche Funktionen**
- **Vergleichsaussagen**

8.2.1. Boolesche Konstanten

Eine Boolesche Konstante hat einen festen Wahrheitswert, der entweder wahr oder falsch sein kann.

In FORTRAN werden diese Wahrheitswerte folgendermaßen ausgedrückt:

Bedeutung	FORTRAN
wahr	.TRUE.
falsch	.FALSE.

Einem Booleschen Wahrheitswert muß ein Punkt vorausgehen und einer folgen, damit er für den Compiler von einem Variablennamen unterschieden werden kann.
Diese Wahrheitswerte werden wie Zahlen in Speicherzellen der DVA aufbewahrt. Der Wahrheitswert „wahr“ wird durch eine „1“ in der Speicherzelle ausgedrückt, der Wahrheitswert „falsch“ durch eine „0“.

Boolesche Konstanten besitzen die Wahrheitswerte .TRUE. und .FALSE..

8.2.2. Boolesche Variable

Boolesche Variablen sind durch symbolische Namen bezeichnete Größen, denen erst im Verlauf der Rechnung Wahrheitswerte zugeordnet werden.

Eine Boolesche Variable steht stellvertretend für einen Wahrheitswert.

Variablennamen

Boolesche Variablennamen werden wie arithmetische Variablennamen gebildet (vgl. 5.3.1).

Variablentyp

Einer Booleschen Variablen kann weder der Typ INTEGER noch der Typ REAL zugeordnet werden. Mit Hilfe einer *Vereinbarung* muß daher der DVA die Information gegeben werden, welche Variablen Boolesche Variablen sind.

Zur Kennzeichnung Boolescher Variabler dient die Vereinbarung vom Typ LOGICAL. Sie hat für nicht indizierte Variable die Form

LOGICAL $V_{L1}, V_{L2}, \ldots, V_{Ln}$ [1]

V_{L1} bis V_{Ln} ist dabei die Liste der Booleschen Variablen, die im Programm vorkommen.

Beispiel für die Vereinbarung vom Typ LOGICAL:
X und Y sollen Boolesche Variablen sein. Die DVA wird wie folgt darauf hingewiesen:
LOGICAL X, Y

Indizierte Variable

Wie alle Variablen können auch logische Variablen indiziert werden.

Die Vereinbarung vom Typ LOGICAL hat für indizierte Variablen die Form:

LOGICAL $V_{L1}\ (d_1), V_{L2}\ (d_2), \ldots, V_{Ln}\ (d_n)$

Für indizierte Variablen genügt es nicht, Namen und Typ festzulegen, sondern es ist außerdem noch der Laufbereich der Indizes anzugeben, damit genügend Speicherplätze bereitgestellt werden. Der Laufbereich der Indizes der einzelnen Variablen wird in Klammern hinter den Variablen angegeben.
Es bleibt nur noch darauf hinzuweisen, daß nach der Typvereinbarung LOGICAL indizierte und nicht indizierte Variablen gemischt vorkommen können.

Beispiel:
X und Y sollen Boolesche Variablen sein. Z (I) mit $I \leq 100$ ist ein Feld Boolescher Größen. Die DVA wird wie folgt darauf hingewiesen:
LOGICAL X, Y, Z (100)

8.2.3. Boolesche Operatoren

Boolesche Operatoren geben die auszuführende Boolesche Operation an. Durch sie können mehrere Boolesche Aussagen zu neuen Aussagen zusammengesetzt werden.

FORTRAN kennt drei Boolesche Operatoren.

Operation	Mathem. Symbol	FORTRAN
Negation	$-$ [2]	.NOT.
UND-Funktion	$\wedge$	.AND.
ODER-Funktion	$\vee$	.OR.

---

[1] Die fett gedruckten Zeichen sind in jeder LOGICAL-Vereinbarung gleich.

[2] Querstrich über dem zu negierenden Ausdruck.

Die Wortsymbole der Booleschen Operatoren sind von Punkten eingeschlossen, damit sie vom Compiler von Variablennamen unterschieden werden können.

Zwei Boolesche Operatoren können unmittelbar hintereinander nur in der Form .OR. .NOT. und .AND. .NOT. auftreten. Vor .NOT. darf kein Boolescher Ausdruck stehen.

Beispiele für zusammengesetzte Boolesche Ausdrücke:

Mathematische Schreibweise	FORTRAN	Sprechweise
$\bar{a}$	.NOT. A	nicht a
$a \wedge b$	A.AND.B	a und b
$d \vee e$	D.OR.E	d oder e
$g \wedge h \wedge \bar{i}$	G.AND.H.AND..NOT.I	g und h und nicht i

Bei der Bildung von Booleschen Ausdrücken mittels Boolescher Operatoren können nur Ausdrücke, deren Wert .TRUE. oder .FALSE. ist, miteinander verknüpft werden.

8.2.4. Vergleichsoperatoren

Vergleichsoperatoren stellen eine in der Praxis wichtige Verbindung zwischen Booleschen Größen und arithmetischen Ausdrücken her, indem sie eine Größenbeziehung zwischen zwei arithmetischen Ausdrücken herstellen, die entweder wahr oder falsch sein kann. Das zwischen den beiden zu vergleichenden arithmetischen Ausdrücken stehende Wortsymbol heißt Vergleichsoperator.

FORTRAN kennt sechs Vergleichsoperatoren.

Mathematisches Symbol	FORTRAN	Bedeutung der Abkürzung	Deutsche Sprechweise
$<$	.LT.	lower than	kleiner als
$\leq$	.LE.	lower than or equal	kleiner gleich
$=$	.EQ.	equal	gleich
$\geq$	.GE.	greater than or equal	größer gleich
$>$	.GT.	greater than	größer als
$\neq$	.NE.	not equal	ungleich

Die Wortsymbole der Vergleichsoperatoren sind von Punkten eingeschlossen, damit sie der Compiler von Variablennamen unterscheiden kann.

Beispiele für Vergleichsausdrücke:

Mathematische Schreibweise	FORTRAN	Sprechweise
$a < b$	A.LT.B	a kleiner als b
$d \geq e$	D.GE.E	d größer gleich e
$f \neq g + h$	F.NE.G + H	f ungleich g + h

8.2.5. Bildungsregeln Boolescher Ausdrücke

Im einfachsten Fall bestehen Boolesche Ausdrücke aus Booleschen Konstanten oder Booleschen Variablen. Durch Boolesche Operatoren oder Vergleichsoperatoren können jedoch kompliziertere Ausdrücke gebildet werden. Dabei sind einige Regeln zu beachten.

Rangordnung der Operatoren

Durch die Hinzunahme Boolescher Operatoren und Vergleichsoperatoren müssen auch Aussagen über ihren Rang untereinander und in Bezug zu den arithmetischen Operatoren getroffen werden.

Für die Rangordnung gilt:

Rang 1: Arithmetische Operatoren;
die Rangordnung unter den arithmetischen Operatoren bleibt erhalten.

Rang 2: Vergleichsoperatoren

Rang 3: Boolesche Operatoren;
die Rangordnung unter den Booleschen Operatoren ist
1. .NOT.
2. .AND.
3. .OR.

Eine Rangordnung der Vergleichsoperatoren entfällt, da in einem Vergleichsausdruck nur ein Vergleichsoperator enthalten sein darf

Rangordnung gleichwertiger Operatoren:

Folgen in einem Booleschen Ausdruck mehrere im Rang gleiche Operatoren aufeinander, so werden sie der Reihe nach von links nach rechts ausgeführt.

Beispiele für die Rangordnung in Booleschen Ausdrücken:

Mathematische Schreibweise	FORTRAN	Erläuterung
$a \cdot b < c + d$	$\underbrace{\underbrace{A * B}_{1.}\ .LT.\ \underbrace{C + D}_{2.}}_{3.}$	Bei einem Vergleichsausdruck werden zunächst die arithmetischen Ausdrücke, und zwar von links (1) nach rechts (2), berechnet. Anschließend wird der Boolesche Wahrheitswert der Aussage ermittelt.
$q \wedge \overline{p}$	$\underbrace{Q.AND.\underbrace{.NOT.P}_{1.}}_{2.}$	In diesem Booleschen Ausdruck wird zunächst p negiert (1). Anschließend wird q über die UND-Funktion mit dem negierten Ausdruck verbunden (2) und der Wahrheitswert der Aussage ermittelt.

Klammerausdrücke

Sollen Boolesche Ausdrücke in einer anderen Reihenfolge gebildet werden, als es durch die Rangfolge der Operatoren möglich ist, so ist die Bildung von Klammerausdrücken möglich.

Innere Klammerausdrücke haben in Booleschen Ausdrücken Vorrang vor äußeren Klammerausdrücken. Gleichrangige Klammerausdrücke werden von links nach rechts behandelt.

Beispiel für die Rangordnung bei Klammerausdrücken:

Mathematische Schreibweise	FORTRAN	Erläuterungen
$\overline{q \wedge \overline{p}}$	.NOT.(Q.AND..NOT.P) 1. (.NOT.P) 2. (Q.AND..NOT.P) 3. (.NOT.(Q.AND..NOT.P))	In diesem Booleschen Ausdruck hat die Klammer Vorrang. In der Klammer gilt die Vorrangregel der Operatoren. Zunächst wird p negiert (1) und danach q über die UND-Funktion mit dem negierten Ausdruck verbunden (2). Dieser Ausdruck wird anschließend negiert (3) und dessen Wahrheitswert ermittelt. Ohne Klammerung wäre ein völlig anderer Boolescher Ausdruck entstanden.

8.2.6. Die allgemeine Form der Booleschen Zuordnungsanweisung

Bei einer Booleschen Zuordnungsanweisung wird, wie der Name andeutet, der Wahrheitswert eines Booleschen Ausdruckes einer Variablen zugeordnet. Damit die Zuordnung vom Compiler stets richtig getroffen werden kann, steht der Boolesche Ausdruck rechts und die Variable links vom Gleichheitszeichen.

Die Boolesche Zuordnungsanweisung hat die allgemeine Form

Variable = Boolescher Ausdruck

Beispiele für Boolesche Zuordnungsanweisungen:

Boolesche Zuordnungsanweisung	Erläuterung
A = .TRUE.	Der Variablen A wird der Boolesche Wahrheitswert .TRUE. zugeordnet.
B = .NOT. C	Der Variablen B wird der Boolesche Wahrheitswert zugeordnet, der dem Wahrheitswert der Variablen C entgegengesetzt ist. ● Ist der Wahrheitswert der Variablen C z.B. .TRUE., wird der Variablen B der Wahrheitswert .FALSE. zugeordnet. ● Ist der Wahrheitswert der Variablen C z.B. .FALSE., wird der Variablen B der Wahrheitswert .TRUE. zugeordnet.
D = 5.GT.K	● Ist die Konstante Zahl 5 größer als der Wert der Variablen K, so wird der Variablen D der Wahrheitswert .TRUE. zugeordnet. ● Im umgekehrten Falle wird der Variablen D der Wahrheitswert .FALSE. zugeordnet.

8.3. Zusammenfassung

Boolesche Aussagen haben die Eigenschaft, wahr oder falsch zu sein.
Boolesche Ausdrücke stellen Vorschriften zur Berechnung von Wahrheitswerten dar.
Boolesche Ausdrücke können sein

- Boolesche Konstanten
- Boolesche Variablen
- Vergleichsaussagen
- Boolesche Funktionen

Boolesche Konstanten besitzen die Wahrheitswerte

.TRUE. und .FALSE.

Eine Boolesche Variable steht stellvertretend für einen Wahrheitswert.

Boolesche Variablennamen werden wie arithmetische Variablennamen gebildet.

Zur Kennzeichnung Boolescher Variabler dient die Vereinbarung vom Typ LOGICAL. Sie hat für nicht indizierte Variable die Form

LOGICAL $V_{L1}, V_{L2}, \ldots, V_{Ln}$

und für indizierte Variable die Form

LOGICAL $V_{L1}(d_1), V_{L2}(d_2), \ldots, V_{Ln}(d_n)$

FORTRAN kennt drei Boolesche Operatoren:

.NOT.; .AND.; .OR.

FORTRAN kennt sechs Vergleichsoperatoren

.LT.; .LE.; .EQ.; .GE.; .GT.; .NE.

Für die Rangordnung arithmetischer, Boolescher- und Vergleichsoperatoren gilt:
Rang 1: Arithmetische Operatoren
Rang 2: Vergleichsoperatoren
Rang 3: Boolesche Operatoren

Folgen in einem Booleschen Ausdruck mehrere im Rang gleiche Operatoren aufeinander, so werden sie der Reihe nach von links nach rechts ausgeführt.
Innere Klammerausdrücke haben in Booleschen Ausdrücken Vorrang vor äußeren Klammerausdrücken.

Gleichrangige Klammerausdrücke werden von links nach recht behandelt.
Die Boolesche Zuordnungsanweisung hat die allgemeine Form

Variable = Boolescher Ausdruck

8.4. Übungsaufgaben

Mit Hilfe der folgenden Übungsaufgaben soll das richtige Schreiben von Booleschen Ausdrücken geübt werden.

Sind die folgenden Booleschen Ausdrücke zulässig?

Nr.	Boolescher Ausdruck	Ja	Nein
8.1	(A * B) .GT.E	O	O
8.2	(D ∧ E).EQ. (F + G)	O	O
8.3	E ** 1.3.GE.(5 * A + 7)	O	O
8.4	E ** 1.3 GE.5.8	O	O
8.5	.TRUE.	O	O
8.6	.TRUE.EQ.1	O	O
8.7	.LT.3	O	O
8.8	.NOT.A	O	O
8.9	.OR..NOT.B	O	O
9.10	(X * Y .GT.Z) .AND.U	O	O
8.11	4.3.AND.F	O	O
8.12	.OR. V	O	O
8.13	R.AND..OR.T	O	O
8.14	Q.AND.NOT.L	O	O
8.15	M.NOT.N	O	O
8.16	NOT.(C.LT.Q)	O	O

Die Lösungen befinden sich in Kap. 13.

9. Steueranweisungen

In einem FORTRAN-Programm wird eine Anweisung nach der anderen ausgeführt. Steueranweisungen sind nötig, wenn dieser lineare Ablauf verändert werden soll (vgl. 1.2).

Steueranweisungen, die den linearen Programmablauf ändern, sind:

- Sprunganweisungen
- Programmverzweigungsanweisungen
- Schleifenanweisungen
- Programmbeendungsanweisungen

9.1. Sprunganweisungen

Mit Hilfe von Sprunganweisungen kann zu der Anweisung gesprungen werden, die durch die in der Sprunganweisung angegebene Anweisungsnummer gekennzeichnet ist.

Sprunganweisungen dienen dazu, den linearen Programmablauf an einer anderen Stelle fortzusetzen.

Sie bewirken keine eigentliche Rechenoperation, sondern steuern den Programmablauf.

Folgende Sprunganweisungen werden unterschieden:

- **Unbedingte Sprunganweisungen**
- **Bedingte Sprunganweisungen**

9.1.1. Unbedingte Sprunganweisungen

Die unbedingte Sprunganweisung hat die Form

GOTO n [1]).

Die unbedingte Sprunganweisung kann benutzt werden, wenn von einer Stelle des Programms zu einer Anweisung mit der Anweisungsnummer n gesprungen werden soll. Die Anweisungsnummer n einer Anweisung ist somit das Sprungziel. Nach erfolgtem Sprung wird das Programm linear weiter abgearbeitet, bis gegebenenfalls eine andere Steueranweisung die Reihenfolge ändert.

Die unbedingte Sprunganweisung bewirkt, daß das Programm mit der Anweisung der Anweisungsnummer n fortgesetzt wird.

Aus dieser Schilderung wird erkennbar, warum Anweisungen überhaupt mit Anweisungsnummern versehen werden (vgl. 4.2.2).

Beispiel für den Einsatz von unbedingten Sprunganweisungen:

```
      .
      .
┌───GOTO 11
│     .
│     .
│     .
└──► 11 X = Y + Z
      .
```

In diesem Ausschnitt eines Programmbeispieles, in dem einige Anweisungen durch Punkte symbolisch dargestellt wurden, wird gezeigt, daß mit Hilfe der unbedingten Sprunganweisung ein Programmteil übersprungen werden kann. In dem dargestellten *Vorwärtssprung* werden nach dem Befehl GOTO 11 drei Anweisungen übersprungen und der Ablauf mit der Anweisung der Anweisungsnummer 11, nämlich X = Y + Z, fortgesetzt.

Mit Hilfe der unbedingten Sprunganweisung kann ein Programmteil übersprungen werden.

Das Sprungziel kann jedoch auch vor der unbedingten Sprunganweisung liegen. Man spricht dann von einem *Rücksprung*.

---

[1]) Die fettgedruckten Zeichen sind in jeder Anweisung gleich.

Beispiel für einen Rücksprung:

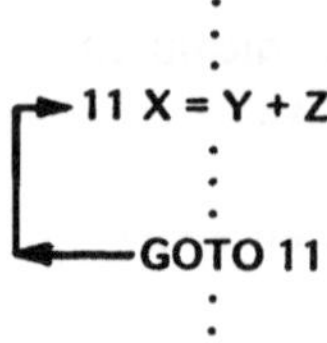

Das Programmstück zwischen den beiden ausgeschriebenen Anweisungen wir immer wieder durchlaufen. Auf diese Weise kann man also eine *Programmschleife* bilden.

Mit Hilfe eines Rücksprungs kann eine Programmschleife gebildet werden.

Die Programmschleife im Beispiel wird endlos lange durchlaufen. Um zu erreichen, daß eine Schleife nur endlich oft durchlaufen wird, muß in Abhängigkeit von einer Bedingung aus der Schleife herausgesprungen werden. Dies kann z.B. durch Programmverzweigungsanweisungen (vgl. 9.2) geschehen.

9.1.2. Berechnete Sprunganweisungen

Es kann beim Programmieren vorkommen, daß für einen Sprung mehrere Sprungziele vorgesehen werden sollen und daß erst während des Programmablaufs entschieden wird, wohin gesprungen werden soll.

Die berechnete Sprunganweisung hat die Form

G O T O ($n_1, n_2, \ldots, n_m$), i [1)]

Die möglichen Sprungziele sind durch die Anweisungsnummern $n_i = n_1, n_2, \ldots, n_m$ von ausführbaren Anweisungen des Programms gekennzeichnet. Der Wert der nicht indizierten ganzzahligen Variablen i = 1, 2, ..., m entscheidet, zu welchem der möglichen Sprungziele tatsächlich gesprungen wird.

Die berechnete Sprunganweisung bewirkt in Abhängigkeit vom Wert der Variablen i einen Sprung zu der Anweisung mit der Anweisungsnummer n_i.

Beispiel für eine berechnete Sprunganweisung:

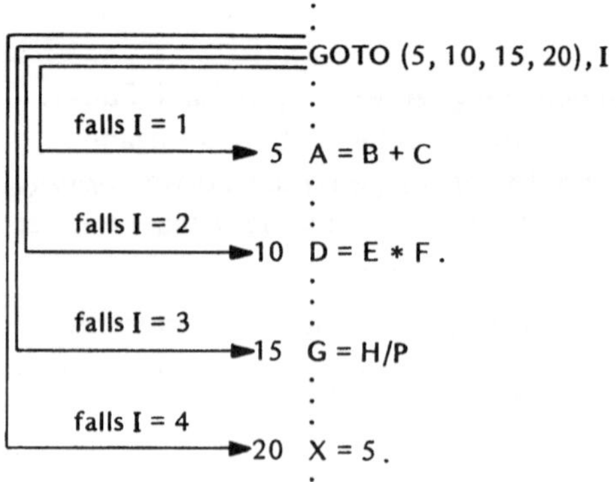

1) Die fettgedruckten Zeichen sind in jeder Anweisung gleich.

Wie dies Beispiel zeigt, eignet sich die berechnete Sprunganweisung besonders vorteilhaft für die Fälle, in denen eine vielfache Verzweigung des Programms erforderlich ist.

9.2. Programmverzweigungsanweisungen

Programmverzweigungsanweisungen bieten auch die Möglichkeit, das Programm in Abhängigkeit bestimmter Bedingungen zu verzweigen. Derartige Probleme werden in FORTRAN ähnlich wie in der Umgangssprache in Form einer Wennanweisung formuliert.

- Umgangssprache:
  Wenn die Bedingung *B* erfüllt ist, soll die Operation *O* ausgeführt werden.
- FORTRAN allg.:
  IF (B) O

Man unterscheidet in FORTRAN folgende Programmverzweigungsanweisungen:

- **Arithmetische Wennanweisung**
- **Boolesche Wennanweisung.**

9.2.1. Arithmetische Wennanweisungen

Die arithmetische Wennanweisung hat die Form

IF (a**)** n_1**,** n_2**,** n_3 [1]

Die arithmetische Wennanweisung erlaubt eine Programmverzweigung in Abhängigkeit von dem Wert eines arithmetischen Ausdrucks a (vgl. 7.1). Ist der Wert des arithmetischen Ausdrucks a negativ, so wird das Programm mit der Anweisung der Anweisungsnummer n_1 fortgesetzt. Ist der Wert des arithmetischen Ausdrucks Null, so wird das Programm mit der Anweisung der Anweisungsnummer n_2 fortgesetzt. Ist der Wert des arithmetischen Ausdrucks positiv, so wird das Programm mit der Anweisung der Anweisungsnummer n_3 fortgesetzt.

Die arithmetische Wennanweisung erlaubt eine Programmverzweigung in Abhängigkeit von dem Wert eines arithmetischen Ausdrucks a. Die Anweisung bewirkt einen Sprung nach

n_1, wenn $a < 0$
n_2, wenn $a = 0$
n_3, wenn $a > 0$

Beispiel für eine arithmetische Wennanweisung:

```
                         .
                         .
                         IF (A - B) 5, 10, 15
                         .
   falls (A - B) < 0     .
  ------------------>  5 X = C * D
                         .
   falls (A - B) = 0     .
  ------------------> 10 Y = E ** F
                         .
   falls (A - B) > 0     .
  ------------------> 15 Z = G + H
                         .
                         .
```

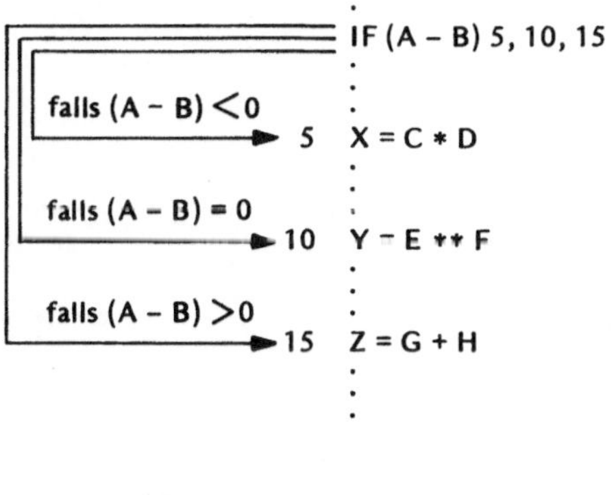

[1] Die fett gedruckten Zeichen sind in jeder Anweisung gleich.

Dieses Beispiel zeigt, daß die arithmetische Wennanweisung im Programmablaufplan eine Verzweigung mit drei Ausgängen darstellt.

Die Verzweigungsmöglichkeit eines Programms in Abhängigkeit vom Wert eines arithmetischen Ausdrucks eröffnet viele Möglichkeiten. Ein typisches Beispiel ist die Lösung einer quadratischen Gleichung nach dem Wurzelsatz von Vieta. (vgl. programmiertes Beispiel 12.4).

Durch die arithmetische Wennanweisung kann hier geprüft werden, ob die Diskriminante negativ, null oder positiv ist. Je nach Wert des arithmetischen Ausdrucks wird der Programmteil angesprungen, der zwei komplexe Nullstellen, eine doppelte reelle Nullstelle oder zwei reelle Nullstellen berechnet.

Weitere Verwendung findet die arithmetische Wennanweisung, um z.B. in Programmschleifen die Zahl der Schleifenumläufe von der Zahl der eingelegten Datenkarten abhängig zu machen. Dies kann erreicht werden, wenn das Ende der Datenkarten durch eine Leerkarte am Schluß des Datenstapels angekündigt wird.

Die DVA interpretiert die Leerkarte als Null. Führt man eine arithmetische Wennanweisung in das Programm ein, die prüft, ob der Wert der Datenkarten gleich oder ungleich Null ist, so wird das Programm beendet, wenn die Karte mit dem Wert Null gefunden wird.

9.2.2. Boolesche Wennanweisungen

Die Boolesche Wennanweisung hat die Form

IF (b) S [1)]

Die Boolesche Wennanweisung erlaubt eine Programmverzweigung in Abhängigkeit von dem Wahrheitswert eines Booleschen Ausdrucks b (vgl. 8.2).

Wenn der Wahrheitswert des Booleschen Ausdrucks b wahr (.TRUE.) ist, wird Anweisung S ausgeführt und dann im Programm fortgefahren. Ist der Wahrheitswert von b falsch (.FALSE.), wird zur nächsten Anweisung nach der Booleschen Wennanweisung übergegangen.

Durch die logischen Aussagen bedingt, stellt die Boolesche Wennanweisung im Programmablaufplan eine Verzweigung mit zwei Ausgängen dar. So läßt sich z.B. der Programmteil

.
.
IF (b) S_1
S_2
.
.

folgendermaßen in einem Programmablaufplan darstellen.

---

1) die fett gedruckten Zeichen sind in jeder Anweisung gleich.

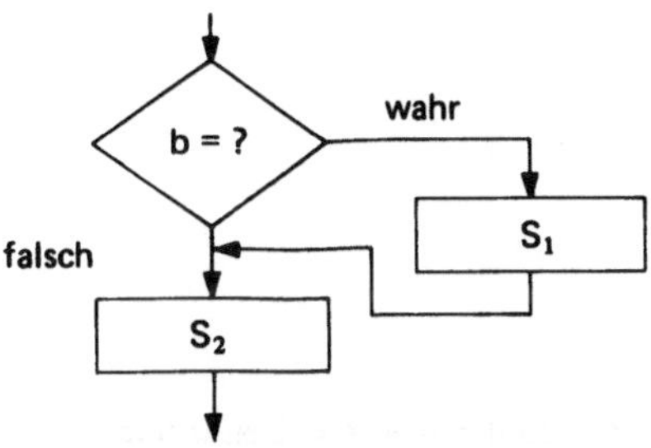

Die Boolesche Wennanweisung erlaubt eine Programmverzweigung in Abhängigkeit von dem Wahrheitswert eines Booleschen Ausdrucks b. Wenn der Wahrheitswert des Booleschen Ausdrucks b wahr ist, wird Anweisung S ausgeführt und dann im Programm fortgefahren. Ist der Wahrheitswert von b falsch, wird zur nächsten Anweisung, die auf die Boolesche Wennanweisung folgt, übergegangen.

Achtung:
S darf keine Schleifenanweisung (vgl. 9.3) oder eine weitere Boolesche Wennanweisung sein!

Beispiele für Boolesche Wennanweisungen:

Beispiel 1:

```
      .
      .
      IF (X.GT.1Ø) GOTO 5
      A = B + C
      .
      .
5     D = E * F
      .
      .
      .
```

Wenn der Wert des Booleschen Ausdrucks X > 10 wahr ist, wird die Anweisung GOTO 5 als nächste ausgeführt, d. h. es wird mit der Anweisung der Anweisungsnr. 5 im Programm fortgefahren. Wenn der Wert des Booleschen Ausdrucks X > 10 falsch ist, wird zur nächsten Anweisung nach der Booleschen Wennanweisung übergegangen, d.h. zur arithmetischen Zuordnungsanweisung A = B + C

Beispiel 2:

```
      .
      .
      .
      PROD = 1Ø.
      IF (U.LT.V) PROD = A * B
      C = PROD/E
      .
      .
      .
```

**Wenn der Wert des Booleschen Ausdrucks U < V wahr ist, wird der Variablen PROD der Wert des arithmetischen Ausdrucks A * B zugeordnet und anschließend die arithmetische Zuordnungsanweisung C = PROD/E ausgeführt.
Wenn der Wert des Booleschen Ausdrucks U < V falsch ist, bleibt der bisherige Wert der Variablen PROD = 1Ø erhalten und die arithmetische Zuordnungsanweisung C = PROD/E wird ausgeführt.**

Beispiel 3:

```
      .
      .
      .
      A = 3.
      IF (U.AND.V) A = B + C
      D = A/F
      .
      .
      .
```

Wenn der Wert des Booleschen Ausdrucks U.AND.V mit den beiden Booleschen Variablen U und V wahr ist, wird der Variablen A der Wert des arithmetischen Ausdrucks B + C zugeordnet und anschließend die arithmetische Zuordnungsanweisung D = A/F ausgeführt.

Wenn der Wert des Booleschen Ausdrucks U.AND.V falsch ist, bleibt der bisherige Wert der Variablen A = 3. erhalten und die arithmetische Zuordnungsanweisung D = A/F wird ausgeführt.

9.3. Schleifenanweisungen

Eine Schleife ist eine Folge von mehrfach zu durchlaufenden Anweisungen.

Eine Schleifenanweisung bewirkt, daß eine Folge von Anweisungen mehrfach durchlaufen wird.

Programmschleifen lassen sich zwar schon mit Hilfe der geschilderten Sprung- und Wennanweisungen aufbauen (vgl. 9.1.1). Eleganter ist jedoch die Verwendung einer speziellen Schleifenanweisung.

Die Schleifenanweisung hat die Form

DO n i = m_1, m_2, m_3

Die Schleife umfaßt den Bereich von der mit DO beginnenden Schleifenanweisung bis zur Anweisung mit der Anweisungsnummer n. Der Laufindex i beginnt mit dem Anfangsindex m_1 und wird bei jedem Schritt um die Schrittweite m_3 erhöht. Die Schleife wird abgebrochen, wenn der Endindex m_2 überschritten wird. Das Programm wird dann mit der Anweisung fortgesetzt, die auf die Anweisung mit der Anweisungsnummer n folgt.

Für den ersten Schleifendurchlauf sind die Ausgangswerte festzulegen. Ist die Schrittweite 1, darf m_3 weggelassen werden. Der Laufindex i ist eine Variable vom Typ INTEGER, der Laufbereich und die Schrittweite ganze Zahlen.

Mit Hilfe der DO-Anweisung läßt sich eine Programmschleife aufbauen, die mit der DO-Anweisung beginnt und bis zur Anweisung mit der Anweisungsnummer n reicht. Der Laufbereich wird durch m_1 (untere Grenze des Laufbereichs) und m_2 (obere Grenze des Laufbereichs) festgelegt. Die Schrittweite wird durch m_3 bestimmt.

Die vorteilhaftere Schreibweise, die die Schleifenanweisung gegenüber einer Konstruktion aus Sprung- und Wennanweisungen bietet, kommt in den folgenden Beispielen zum Ausdruck.

Beispiel 1:

Es soll die Summe der ganzen geradzahligen Zahlen von 1 bis 50 gebildet werden.

Programmablaufplan:

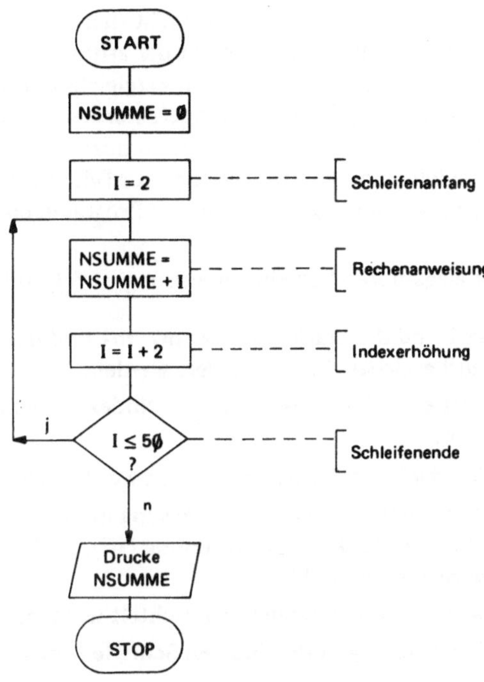

Erklärung:

Zunächst müssen die Anfangswerte gesetzt werden. So wird zunächst der Inhalt der Speicherzelle NSUMME, in der die Summen nach jedem Schleifendurchlauf abgespeichert werden, Null gesetzt, damit Werte, die vorher möglicherweise in der Speicherzelle standen, das Ergebnis nicht verfälschen können.

Außerdem wird der Anfangswert des Laufindex I auf den ersten ganzzahligen Wert, der zur Summe beiträgt, festgelegt (I = 2).

Es erfolgt anschließend die erste Rechnung: NSUMME = ∅ + 2. Darauf folgt die erste Indexerhöhung, die sich aus I = I + 2 mit den vorgegebenen Werten zu I = 2 + 2 = 4 ergibt. Durch eine Abfrage, ob I ≤ 50 ist, wird der Index I überprüft. Ist der Wahrheitswert .TRUE. (wahr), wird die zweite Rechnung NSUMME = 2 + 4 ausgeführt usw.. Die Schleife wird solange durchlaufen, bis I > 50 wird. Dann wurden alle ganzen geradzahligen Zahlen einschließlich 50 aufaddiert und die Summe kann gedruckt werden.

Beispiel 2:

Anhand des vorangegangenen Programmablaufplanes sollen die verschiedenen Programmierungsmöglichkeiten einer Programmschleife gezeigt werden:

Programm mit Boolescher Wennanweisung	Programm mit arithmetischer Wennanweisung	Programm mit Schleifen-anweisung
NSUMME = ∅ I = 2 5 NSUMME = NSUMME + I I = I + 2 IF (I.LE.5∅) GOTO 5 : :	NSUMME = ∅ I = 2 5 NSUMME = NSUMME + I I = I + 2 IF (I − 50) 5, 5, 2 2 :	NSUMME = ∅ DO 5 I = 2,5 ∅, 2 5 NSUMME = NSUMME + I : :

Das Programm mit der Booleschen Wennanweisung hält sich direkt an die Angaben des Programmablaufplanes, während das Programm mit der arithmetischen Wennanweisung in der Verzweigung eine Abweichung aufweist. Der Vergleichsausdruck ($I \leq 5\emptyset$) mußte in einen arithmetischen Ausdruck ($I - 5\emptyset$) verwandelt werden. Dieser arithmetische Ausdruck kann darauf geprüft werden, ob er kleiner, gleich oder größer als Null ist (vgl. 9.2.1). Das Programm mit der Schleifenanweisung zeigt, daß zur Bildung der Schleife zwei Anweisungen weniger benötigt werden als bei den beiden Programmen mit den Wennanweisungen.

Bei der Verwendung der eleganteren Schleifenanweisung ist folgendes zu beachten:

Die Werte des Laufindex i und die Laufparameter m_1, m_2 und m_3 dürfen durch Anweisungen innerhalb des Laufbereiches nicht verändert werden.

Innerhalb einer Schleife ist es z. B. verboten, den Laufindex i durch eine Anweisung wie z. B. I = I + 1 zu verändern.

Aus dem Schleifenbereich darf zwar herausgesprungen werden, aber nicht hinein.

Die letzte Anweisung des Schleifenbereiches (Anweisung mit der Anweisungsnummer n) darf keine Sprunganweisung (GOTO), Wennanweisung (IF), Schleifenanweisung (DO) und Programmbeendungsanweisung sein (STOP).

Es können mehrere DO-Schleifen ineinander geschachtelt werden.

Die innere Schleife muß vollständig in der äußeren Schleife liegen.

Beispiel 3:

Schleifenschachtelung für zwei Indizes i und k in allgemeiner Form

```
     .
     .
     .
     DO n i = m'1, m'2, m'3                                    }
     DO n k = m1 , m2 , m3  }                                  } äußerer Schleifenbereich
  n  Anweisung A (i, k)     } innerer Schleifenbereich         }
     .
     .
     .
```

9.4. Die Leeranweisung CONTINUE

Ist die letzte Anweisung des Schleifenbereiches eine GOTO-, IF-, DO-, oder STOP-Anweisung, so wird der vorgegebene Schleifenbereich nicht mehr in der gewünschten Weise durchlaufen. In der Praxis kann es jedoch durchaus vorkommen, daß am Ende des Schleifenbereiches eine derartige Anweisung steht. Damit die Schleife auch in solchen Fällen richtig durchlaufen werden kann, wurde die sog. „Leeranweisung" CONTINUE geschaffen.

Ist die letzte Anweisung des Schleifenbereiches eine GOTO-, IF- oder DO-Anweisung, so muß als Schlußanweisung des Laufbereiches die Leeranweisung CONTINUE folgen.

Beispiel 1 für die Verwendung der Leeranweisung CONTINUE:

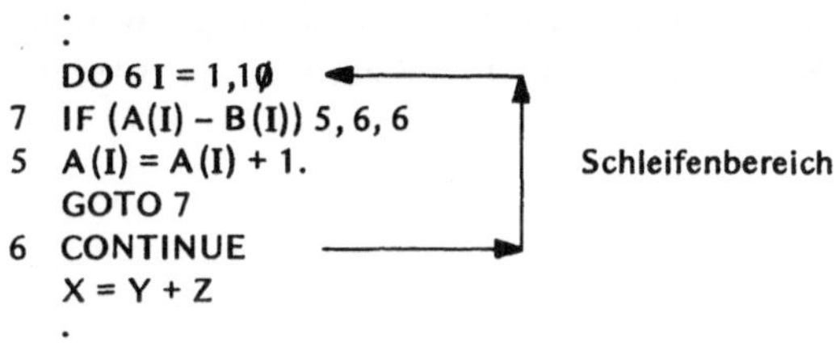

Erläuterung:

In 10 Schleifendurchläufen sollen die a_i jeweils solange um 1 erhöht werden, wie $a_i - b_i < 0$ ist. Wird $a_i - b_i \geq 0$, so wird zum a_i mit dem nächst höheren Index übergegangen.

Wäre die Markierung des Schleifenendes (Anweisung mit der Anweisungsnummer 6) anstelle bei der Leeranweisung CONTINUE bei der Sprunganweisung GOTO7 gewesen, würde nicht nach zehn Schleifendurchläufen mit der Anweisung X = Y + Z im Programm fortgefahren, sondern die Schleife würde weiter durchlaufen.

Auch wenn die Schleife über eine Verzweigung hinweg gebildet werden soll, erweist sich die Leeranweisung CONTINUE als wertvoll, wie das folgende Beispiel zeigt:

Beispiel 2 für die Verwendung der Leeranweisung CONTINUE:

In Abhängigkeit von dem Wert der indizierten Variablen A (K) sollen zwei Rechnungen ausgeführt werden. Ist A (K) kleiner oder gleich Null, soll die Anweisung X (K) = A (K) + B (K) angeführt werden. Wird hingegen A (K) größer als Null, soll die Anweisung X (K) = A (K) - B (K) angeführt werden. Anschließend soll zur nächsten Variablen A (K) übergegangen werden. Nach zehn Durchläufen ist die Schleife abzubrechen.

Folgender Programmabschnitt zeigt eine Lösungsmöglichkeit:

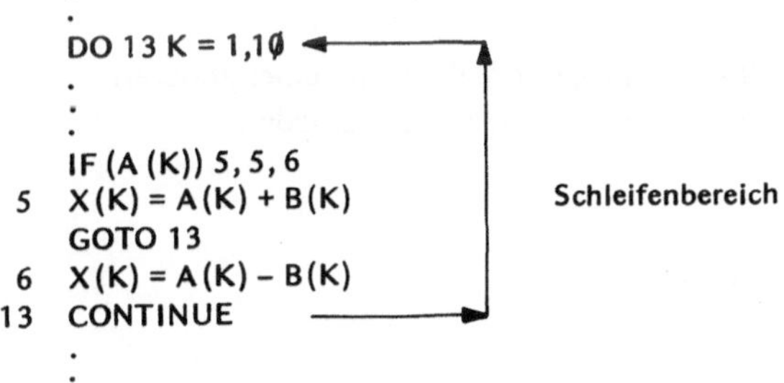

Wie man sieht, ist die Anweisungsnummer der letzten auszuführenden Anweisung X (K) = A (K) - B (K) schon für das Sprungziel der arithmetischen Wennanweisung IF A (K) = 5, 5, 6 vergeben. Um deutlich zu zeigen, daß der Schleifenbereich über die Verzweigung hinweg gebildet wird, wurde die Leeranweisung CONTINUE, wie gezeigt, in das Programm eingefügt.

9.5. Programmbeendungsanweisung

Der Anfang eines FORTRAN-Programms wird durch keine besondere Anweisung gekennzeichnet. Das Ende des Übersetzungs- und Rechenganges muß jedoch immer angegeben werden. Die Programmbeendungsanweisungen dienen zur Abgrenzung der „FORTRAN-Sätze" und sind als „Satzzeichen" des Programms anzusehen.

9.5.1. Die Stopanweisung

Die Abarbeitung des Maschinenprogramms (*Rechenlauf*) wird durch die Stopanweisung beendet. Sie stellt das logische Ende des Programms dar und muß am Ende eines jeden FORTRAN-Programms stehen.

Die Stopanweisung hat die Form
STOP

9.5.2. Die Endanweisung

Das FORTRAN-Programm muß, bevor der o. a. Rechenlauf erfolgen kann, zunächst in die Maschinensprache übersetzt werden. Für den *Übersetzungslauf* gibt die Endanweisung das Ende des Programms an. Jedes FORTRAN-Programm schließt mit der Endanweisung.

Die Endanweisung hat die Form
END

9.6. Zusammenfassung

Die Steueranweisungen kann man unterscheiden nach

- Sprunganweisungen
- Programmverzweigungsanweisungen
- Schleifenanweisungen
- Programmbeendungsanweisungen

Sprunganweisungen dienen dazu, den linearen Programmablauf an einer anderen Stelle fortzusetzen. Folgende Sprunganweisungen werden unterschieden:

- Unbedingte Sprunganweisungen
- Bedingte Sprunganweisungen

Die unbedingte Sprunganweisung hat die Form

```
GOTO n
```

Sie bewirkt, daß das Programm mit der Anweisung der Anweisungsnummer n fortgesetzt wird.

Mit Hilfe der unbedingten Sprunganweisung kann ein Programmteil übersprungen werden.

Mit Hilfe eines Rücksprunges kann eine Programmschleife gebildet werden.

Die berechnete Sprunganweisung hat die Form

$$\text{GOTO } (n_1, n_2, \ldots, n_m), i$$

Sie bewirkt in Abhängigkeit vom Wert der Variablen i einen Sprung zu der Anweisung mit der Anweisungsnummer n_i.

Man unterscheidet bei FORTRAN folgende Programmverzweigungsanweisungen:

- Arithmetische Wennanweisung
- Boolesche Wennanweisung

Die arithmetische Wennanweisung hat die Form

IF (a) n_1, n_2, n_3

Sie erlaubt eine Programmverzweigung in Abhängigkeit vom Wert eines arithmetischen Ausdrucks a. Die Anweisung bewirkt einen Sprung nach

n_1, wenn $a < 0$
n_2, wenn $a = 0$
n_3, wenn $a > 0$

Die Boolesche Wennanweisung hat die Form

IF (b) S

Sie erlaubt eine Programmverzweigung in Abhängigkeit von dem Wahrheitswert eines Booleschen Ausdrucks b. Wenn der Wahrheitswert des Booleschen Ausdrucks b wahr ist, wird Anweisung S ausgeführt und anschließend im Programm fortgefahren. Ist der Wahrheitswert von b falsch, wird zur nächsten Anweisung, die auf die Boolesche Wennanweisung folgt, übergegangen. S darf keine Laufanweisung oder eine weitere Boolesche Wennanweisung sein.

Eine Schleifenanweisung bewirkt, daß eine Folge von Anweisungen mehrfach durchlaufen wird.

Die Schleifenanweisung hat die Form

DO ni = m_1, m_2, m_3

Mit Hilfe der DO-Anweisung läßt sich eine Programmschleife aufbauen, die mit der DO-Anweisung beginnt und bis zur Anweisung mit der Anweisungsnummer n reicht. Der Laufbereich wird durch m_1 (untere Grenze des Laufbereichs) und m_2 (obere Grenze des Laufbereichs) festgelegt. Die Schrittweite wird durch m_3 festgelegt.

Die Werte des Laufindex i und die Laufparameter m_1, m_2 und m_3 dürfen durch Anweisungen innerhalb des Laufbereiches nicht verändert werden.

Innerhalb einer Schleife ist es z.B. verboten, den Laufindex i durch eine FORTRAN Anweisung der Form I = I + 1 zu verändern.

Aus dem Schleifenbereich darf zwar herausgesprungen werden, aber nicht hinein.

Die letzte Anweisung des Schleifenbereiches (Anweisung mit der Anweisungsnummer n) darf keine Sprunganweisung (GOTO), Wennanweisung (IF), Schleifenanweisung (DO) oder Programmbeendungsanweisung (STOP) sein.

Gegebenenfalls muß als Schlußanweisung eines Laufbereiches, z.B. nach GOTO, die Leeranweisung CONTINUE gegeben werden.

Es können mehrere DO-Schleifen ineinander geschachtelt werden.

Die innere Schleife muß vollständig in der äußeren liegen.
Die Stopanweisung hat die Form

STOP

Sie gibt das Programmende für den Rechenlauf an.
Die Endanweisung hat die Form

END

Sie gibt das Programmende für den Übersetzungslauf an.

9.7. Übungsaufgaben

Aufgabe 9.1

Was bewirken die folgenden Steueranweisungen?

Nr.	Steueranweisung	Erläuterung
1	GOTO 15	
2	GOTO (5, 1Ø, 15, 2Ø), I	
3	IF (A * B) 1Ø, 4,3Ø	
4	IF (C.GT.1Ø) GOTO 15	
5	IF (C.GE.1Ø) A = B + C	
6	IF (X.AND..NOT.Y) A = B	
7	DO 25 I = 1,1ØØ	
8	DO 25 I = 1,1ØØ, 4	

Aufgabe 9.2

Sind die folgenden Steueranweisungen zulässig?

Nr.	Steueranweisung	Ja	Nein
1	IF (A * B) 5, 10	O	O
2	IF (E.OR.F) A = Ø	O	O
3	GOTO n	O	O
4	IF (X.GT.Y) GOTO 1Ø	O	O
5	IF (U.LTV) B = A/C	O	O
6	GOTO (3, 9, 7, 6, 8) LAMBDA	O	O
7	IF (A/B + C) 3, 6, 6	O	O
8	IF (G.NOT..OR.H) X = Y	O	O

Aufgabe 9.3

Aus welchem Grunde muß man in den folgenden Programmabschnitten die CONTINUE-Anweisung benutzen?

Nr.	Programmabschnitt	Erläuterung
1	: DO 1Ø I = 1, 1ØØ 6 IF (A (I) - B (I)) 5, 1Ø, 1Ø 5 A (I) = 5.Ø * A (I) B (I) = B (I) - 1Ø.8 GOTO 6 1Ø CONTINUE :	
2	: DO 2Ø I = 1,1ØØ, 2 IF (A (I) - B (I)) 5, 1Ø, 1Ø 5 G (I) = H (I) GOTO 2Ø 1Ø G (I) = E (I) 2Ø CONTINUE :	

Aufgabe 9.4

Schreiben Sie mit Hilfe der Steueranweisungen den entsprechenden Programmabschnitt für folgende Aufgaben:

Nr.	Aufgabe	Programmabschnitt
1	Wenn die Differenz von X und Y kleiner als Null ist, soll Z von der Differenz subtrahiert werden. Dies soll die neue Differenz sein. Falls X − Y größer oder gleich Null ist, soll Z zur Differenz addiert werden. Das Ergebnis soll in diesem Fall die neue Differenz sein.	
2	Wenn das Produkt von A und B ungleich Null ist, soll das Produkt durch C geteilt werden. Andernfalls soll zu dem Produkt D addiert werden	

10. Eingabeanweisungen

Zum praktischen Gebrauch einer DVA benötigt man Ein- und Ausgabeanweisungen, um auch über das Programm Daten ein- bzw. ausgeben zu können. Diese Ein- und Ausgabeanweisungen müssen so anpassungsfähig sein, daß sie für die unterschiedlichsten Ein- und Ausgabegeräte und die verschiedensten Darstellungsformen der Daten gleichermaßen gut geeignet sind. Da die Leistungsfähigkeit einer DVA stark von den zur Verfügung stehenden Ein- und Ausgabeanweisungen abhängt, wurde bei FORTRAN von vornherein auf derartig anpassungs- und leistungsfähige Ein- und Ausgabebefehle Wert gelegt. Ihr Aufbau soll im folgenden beschrieben werden.

10.1. Die allgemeine Form der Eingabeanweisung

Eine Eingabeanweisung soll den Datentransport zwischen peripheren Eingabegeräten (vgl. 1.4 und [1]) und dem Speicher der Zentraleinheit bewirken. Der Zentraleinheit muß dazu mitgeteilt werden,

- daß Daten eingegeben werden sollen;
- von welchem Eingabegerät Daten zu erwarten sind (z.B. vom Lochkartenleser, Lochstreifenleser usw.);
- für welche Variablen Daten eingegeben werden sollen;

- von welchem Typ die eingelesenen Daten sein werden;
- in welcher Reihenfolge die Daten eingegeben werden;
- wie die Daten dargestellt werden (z.B. Darstellung der Zahlen in Exponential- oder Dezimalform);
- mit welcher Genauigkeit die Daten dargestellt werden. Dies ist eine Frage der Stellenzahl, die für die Daten vorgesehen ist.

Diese Informationen müssen der DVA durch eine geeignete Eingabeanweisung mitgeteilt werden.

Eine Eingabeanweisung hat in FORTRAN folgende allgemeine Form:

READ (g, n) Eingabeliste [1)]
:

n **FORMAT** (Spezifikationsliste)

Die oben aufgeführten Informationen erhält die DVA auf folgende Weise:

- Die DVA erhält den Hinweis, daß Daten eingegeben werden sollen, durch das Wortsymbol *READ* (deutsch: Lies).
- Den Hinweis, von welchem Eingabegerät Daten zu erwarten sind, erhält die DVA durch Angabe einer *Gerätenummer g.* Die Gerätenummer steht mit einem weiteren Hinweis, auf den noch eingegangen wird, in einer Klammer nach dem Wortsymbol READ. Die Gerätenummer ist eine ganze positive Zahl. Sie wird bei der Installation der DVA individuell festgelegt und kann daher von Rechenzentrum zu Rechenzentrum verschieden sein.

  In den folgenden Beispielen soll angenommen werden, daß die Gerätenummer des Lochkartenlesers 1Ø sei. Anderen Eingabegeräten, wie z.B. dem Blattschreiber, werden zur Unterscheidung andere Gerätenummern zugeordnet. Da diese Geräte jedoch seltener zur Eingabe benutzt werden und die Gerätenummern nicht allgemeingültig sind, sollen dafür an dieser Stelle keine Gerätenummern angegeben werden.
- In der zur Eingabeanweisung gehörenden Klammer steht neben der Gerätenummer g, durch ein Komma getrennt, die *Anweisungsnummer n*. Sie weist auf die der READ-Anweisung zugeordneten FORMAT-Vereinbarung *FORMAT* hin. Die FORMAT-Vereinbarung enthält, wie in Abschnitt 10.3 noch ausführlich gezeigt wird, alle Aussagen über Anordnung und Form der Daten auf den Eingabemedien. In der READ-Anweisung werden also keine Angaben gemacht, wie z.B. die Daten dargestellt werden, welche Stellenzahl für die Daten vorgesehen wird und dgl.. Diese Angaben werden in der zur READ-Anweisung gehörenden FORMAT-Vereinbarung gemacht. Die Anweisungsnummer n dient dabei als Bindeglied zwischen der READ-Anweisung und der zugehörigen FORMAT-Vereinbarung. Die FORMAT-Vereinbarung muß nicht unbedingt auf die READ-Anweisung folgen, sondern kann an beliebiger Stelle im Programm stehen, da die Zuordnung über die Anweisungsnummer stets gewährleistet ist.
- In der READ-Anweisung folgt hinter der Klammer mit Geräte- und Anweisungsnummer eine *Eingabeliste*. Über diese Eingabeliste erhält die DVA den Hinweis, für welche

1) Die fett gedruckten Zeichen sind in jeder Eingabeanweisung gleich.

Variable Daten eingegeben werden sollen und von welchem Typ sie sind. In der Eingabeliste können beliebig viele Variablen beliebigen *Typs* in beliebiger *Reihenfolge* aufgelistet werden. Jede Variable wird dabei gegen die nächste durch ein Komma abgetrennt. Die Werte der Variablen müssen später in der gleichen Reihenfolge eingegeben werden, wie sie in der Eingabeliste stehen.

Alle weiteren Hinweise findet die DVA in der FORMAT-Vereinbarung. Ihr Aufbau wird in Abschnitt 10.3 beschrieben.

Mit Hilfe der READ-Anweisung

READ (g, n) Eingabeliste

können beliebig vielen Variablen beliebigen Typs Werte zugewiesen werden.

Diese Variablen werden, durch Kommata getrennt, in einer „Eingabeliste" aufgelistet.

Die Reihenfolge der Variablen kann beliebig sein.

Die Gerätenummer „g" in der READ-Anweisung gibt an, von welchem Eingabegerät Daten zu erwarten sind.

Weitere Aussagen über Anordnung und Form der Werte auf den Eingabemedien werden in einer der READ-Anweisung zugeordneten FORMAT-Vereinbarung getroffen.

Die Anweisungsnummer „n" in der READ-Anweisung weist auf die der READ-Anweisung zugeordneten FORMAT-Vereinbarung hin.

Beispiel einer Eingabeanweisung:

Es sollen über den Lochkartenleser mit der Gerätenummer g = 10 Werte für die Variablen TAG, MONAT und JAHR eingelesen werden.

Die Eingabeanweisung lautet z.B.:

```
    :
    READ (1Ø, 7) TAG, MONAT, JAHR
    :
7   FORMAT (Spezifikationsliste)
    :
```

Erläuterung:

Die Gerätenummer des Lochkartenlesers ist g = 10. Als Anweisungsnummer wurde n = 7 gewählt. Die Variablenliste, durch Kommata getrennt, besteht aus den drei Variablen TAG, MONAT, JAHR. Aussagen über die Anordnung und Form der Werte auf den Eingabemedien werden in der FORMAT-Vereinbarung getroffen. Der Bezug dazu wird über die Anweisungsnummer 7 hergestellt. Auf die noch anzugebende Spezifikationsliste wird erst später näher eingegangen. Die FORMAT-Vereinbarung wurde daher in diesem Beispiel noch in einer allgemeinen Form dargestellt.

10.2. Die Form der Eingabeanweisung bei indizierten Variablen und Feldern

FORTRAN bietet selbstverständlich auch die Möglichkeit, indizierte Variablen und Felder einzugeben. Die allgemeine Form der Eingabeanweisungen bleibt dabei im wesentlichen unberührt. Indizierte Variablen und Felder müssen der DVA nur in der Variablenliste der READ-Anweisung richtig erklärt werden.

In der „Eingabeliste" der READ-Anweisung können auch indizierte Variablen und Felder stehen.

Man kann drei Fälle unterscheiden:

- Eingabeanweisungen für einzelne indizierte Variablen
- Eingabeanweisungen für eine fortlaufende Reihe von Feldkomponenten
- Eingabeanweisungen für alle Komponenten eines Feldes

10.2.1. Die Form der Eingabeanweisung für einzelne indizierte Variablen

Wenn für eine einzelne indizierte Variable ein Wert eingegeben werden soll, wird die indizierte Variable in der Variablenliste mit dem gewünschten Index angegeben.

Eine einzelne indizierte Variable wird in der „Eingabeliste" durch Nennung des Variablennamens und des Index angegeben.

Beispiel:

```
      .
      .
      READ (1Ø, 7) A, B (6)
      .
      .
    7 FORMAT (Spezifikationsliste)
      .
      .
```

Erläuterung:

Über den Lochkartenleser mit der Gerätenummer g = 10 werden der Variablen a und der indizierten Variablen b_6 Werte zugewiesen, deren Form und Anordnung auf dem Datenträger in der zugehörigen FORMAT-Vereinbarung mit der Anweisungsnummer 7 spezifiziert ist.

10.2.2. Die Form der Eingabeanweisung für eine fortlaufende Reihe von Feldkomponenten

Wenn für eine fortlaufende Reihe von Feldkomponenten Werte eingegeben werden sollen, wird die Feldvariable in der Eingabeliste mit einem Laufindex und einer Laufvorschrift wie bei den Schleifenanweisungen (vgl. 9.3) versehen. Die Feldvariablen und ihre Indizes müssen dazu in der Eingabeliste der Eingabeanweisung samt Laufvorschrift eingeklammert werden.

Ein Feld kann in der Eingabeliste durch Nennung des Feldnamens, eines Laufindex und einer Laufvorschrift eingegeben werden. Es muß dazu in Klammern gesetzt werden.

Beispiel:

```
      .
      .
      .
      READ (1Ø, 3) (A (I), I = 5, 14)
      .
      .
    3 FORMAT (Spezifikationsliste)
      .
      .
      .
```

Erläuterung:

Durch diese Eingabeanweisung werden die 10 Variablenwerte a_5 bis a_{14} mit der in der FORMAT-Vereinbarung angegebenen Form in die DVA eingegeben.

Diese Eingabemöglichkeit wird gern verwendet, wenn ein Programm für Felder unterschiedlicher Größe geeignet sein soll. Die maximale Größe des einzugebenden Feldes wird dann durch eine DIMENSION-Vereinbarung (vgl. 5.3.4) festgelegt, während die tatsächliche Größe erst in der Eingabeanweisung angegeben wird, wie es das folgende Beispiel zeigt:

Beispiel:

Es soll ein indiziertes Feld A(I) für I = 1, . . . , N eingelesen werden. Der maximale Index N soll die Zahl 100 nicht überschreiten. Er soll jedoch auch kleiner gewählt werden können.

Die Eingabeanweisung hat folgendes Aussehen:

```
      DIMENSION A (1ØØ)
      .
      .
      .
      READ (1Ø, 3) N, (A(I), I = 1, N)
      .
      .
      .
    3 FORMAT (Spezifikationsliste)
      .
      .
```

Erläuterung:

Durch die DIMENSION-Vereinbarung werden 100 Speicherplätze für die Variablen a_1 bis a_{100} reserviert. In der READ-Anweisung wird zunächst der Variablen N ein Wert zugewiesen, der laut Voraussetzung kleiner oder gleich 100 sein kann. Der Wert der Variablen N gibt den Index für die obere Grenze der Feldkomponenten an. Es werden somit nur die Feldkomponenten a_1 bis a_N eingelesen. Die durch die DIMENSION-Vereinbarung reservierten Speicherplätze werden in vielen Fällen nicht vollständig genutzt.

Dieser Nachteil wird jedoch durch den Vorteil aufgewogen, daß die Eingabeanweisung nicht verändert werden muß, wenn Felder verschiedener Größe eingegeben werden sollen.

Der Variablen N wird in diesem Beispiel bei der Eingabe der gewünschte Wert zugewiesen. Dies könnte jedoch auch durch eine arithmetische Zuordnungsanweisung geschehen.

Soll bei der Laufvorschrift der Eingabeanweisung eine andere Schrittweite als die Schrittweite 1 gewählt werden, so wird diese durch einen dritten Parameter, ähnlich wie bei den Schleifenanweisungen (vgl. 9.3) festgelegt.

Beispiel:

```
      .
      .
      .
      READ (1Ø, 5) (A (I), I = 4, 1Ø, 2)
      .
      .
      .
    5 FORMAT (Spezifikationsliste)
      .
      .
      .
```

Erläuterung:

Durch diese Eingabeanweisung werden die Variablenwerte a_4, a_6, a_8 und a_{10} mit der in der FORMAT-Vereinbarung angegebenen Form in die DVA eingegeben.

Durch Schachtelung können auch doppelt indizierte Felder eingegeben werden.

Beispiel:

```
      .
      .
      .
      READ (1Ø, 5) ((A(I, K), I = 1, 2), K = 2, 3)
      .
      .
      .
    5 FORMAT (Spezifikationsliste)
      .
      .
      .
```

Erläuterung:

Diese Eingabe ist gleichbedeutend mit der ausführlicheren Eingabe

```
      .
      .
      READ (1Ø, 5) A (1, 2), A (2, 2), A (1, 3), A (2, 3)
      .
      .
      .
 5    FORMAT (Spezifikationsliste)
      .
      .
      .
```

Der Index I in der inneren Klammer läuft schneller als der Index K in der äußeren Klammer. Hat der schnell laufende Index I seinen Maximalwert erreicht, wird der Index K der äußeren Klammer um 1 erhöht, während der Index I von vorn beginnt usw..

Auch hier ließe sich die obere Grenze des Laufindex durch eine Variable beschränken, wie es das folgende Beispiel zeigt:

Beispiel:

```
      .
      .
      .
      READ (1Ø, 5) M, N, ((A (I, K), I = 1, M), K = 1, N)
      .
      .
 5    FORMAT (Spezifikationsliste)
      .
      .
```

Erläuterung:

Zunächst wird den Variablen M und N in der Eingabeanweisung ein Wert zugewiesen, der später die oberen Laufgrenzen des Feldes A angibt.

10.2.3. Die Form der Eingabeanweisung für alle Komponenten eines Feldes

Wenn für alle Komponenten eines Feldes Werte eingegeben werden sollen, ist es nicht nötig, dieses Feld in der Eingabeliste zu indizieren. Es genügt die Angabe des Feldnamens ohne jeglichen Index. Die Gesamtzahl der indizierten Variablen entnimmt die DVA der DIMENSION-Vereinbarung des Programms.

Wenn alle Komponenten eines Feldes eingegeben werden sollen, genügt es, den Feldnamen ohne jeglichen Index anzugeben.

Beispiel:

```
      DIMENSION A (1Ø)
      .
      .
      .
      READ (1Ø, 7) A
      .
      .
      .
 7    FORMAT (Spezifikationsliste)
      .
      .
      .
```

Erläuterung:

Durch diese Eingabeanweisung werden für alle indizierten Variablen des Feldes a von a_1 bis a_{10} mit der in der FORMAT-Vereinbarung angegebenen Form Werte in die DVA eingegeben. Die Zahl der indizierten Variablen ist aus der DIMENSION-Vereinbarung bekannt.

10.3. Die Form der FORMAT-Vereinbarung

Die FORMAT-Vereinbarung der Eingabeanweisung enthält Aussagen über Anordnung und Form der Daten auf den Eingabemedien. Als allgemeine Form der FORMAT-Vereinbarung wurde in Abschnitt 10.1 angegeben:

n **FORMAT**(Spezifikationsliste) [1])

Diese komprimierte Darstellungsform soll hier näher erläutert werden:

- Die *Anweisungsnummer n* dient bekanntlich als Bindeglied zwischen der FORMAT-Vereinbarung und der zugehörigen READ-Anweisung.

  Diese Bindung ist nötig, da die READ-Anweisung nur die Liste der einzugebenden Variablen enthält, während in der zugeordneten FORMAT-Vereinbarung Aussagen über die Form und Art der Daten getroffen werden sowie Aussagen darüber, wie die Daten auf den Eingabemedien angeordnet werden.
- Zu jeder Variablen, die in der Eingabeliste der READ-Anweisung vorkommt, gibt die FORMAT-Vereinbarung einen *Formatschlüssel S* an. Die Formatschlüssel, auf die im nächsten Kapitel noch ausführlich eingegangen wird, werden in der gleichen Reihenfolge wie die Variablen der Eingabeliste der READ-Anweisung aufgelistet. So entsteht die oben angeführte *Spezifikationsliste*, die durch Klammern eingegrenzt wird. Die einzelnen Formatschlüssel werden, wie die Variablen der Eingabeliste, durch Kommata voneinander getrennt.

Eine detailliertere Form der FORMAT-Vereinbarung für i Variablen ist somit:

n **FORMAT** ($S_1, S_2, \ldots, S_i$) [1])

Sie gibt für jede der i Variablen der Eingabeliste der READ-Anweisung einen Formatschlüssel S_i an, der Aufschluß darüber gibt, in welcher Form der Wert in die DVA eingelesen wird. Die Reihenfolge der Formatschlüssel richtet sich dabei nach der Reihenfolge der Variablen in der Eingabeliste der READ-Anweisung.

Die Formatschlüsseltypen richten sich nach Form und Platzbedarf der einzugebenden Daten.

10.3.1. Die wichtigsten Formatschlüssel der Eingabe

Die Formatschlüssel geben Aufschluß darüber, welche Form die Daten aufweisen, die in die DVA als Eingabewerte eingelesen werden sollen. Dazu müssen Aussagen über Typ und Stellenzahl der Daten gemacht werden.

Mit Hilfe von Formatschlüsseln werden die notwendigen Aussagen über Typ und Stellenzahl der einzugebenden Daten gemacht.

Wichtige Formatschlüssel der Eingabe sind:

- I – Schlüssel
- E – Schlüssel
- F – Schlüssel
- L – Schlüssel

Aufbau und Bedeutung der Schlüssel werden im folgenden näher erläutert.

---

[1]) Die fett gedruckten Zeichen sind in jeder FORMAT-Vereinbarung gleich.

• Der I – Schlüssel

Formatschlüssel	Allgem. Form	Erläuterung
I – Schlüssel	I w	Einer Variablen vom Typ INTEGER muß der Formatschlüssel I zugeordnet werden. Die Stellenzahl des Zahlenwertes, der der Variablen bei der Eingabe zugeordnet werden soll, ist w. Vorzeichen werden als Stelle gewertet.

Beispiel:

Es soll für die Variable N der Zahlenwert 157 über einen Lochkartenleser mit der Gerätenummer g = 10 eingegeben werden. Wie lautet die zugehörige Eingabeanweisung?

Die Variable ist vom Typ INTEGER. Aus diesem Grunde ist der I – Schlüssel zu wählen. Der Zahlenwert hat 3 Stellen. Somit ist w = 3. Der Formatschlüssel, der der Variablen N zuzuordnen wäre, ist also I 3. Die vollständige Eingabeanweisung wäre z.B. für diesen Fall:

```
  .
  .
  READ (1Ø, 7) N
7 FORMAT (I 3)
  .
  .
```

• Der F – Schlüssel

Formatschlüssel	Allgem. Form	Erläuterung
F – Schlüssel	F w. d	Einer Variablen vom Typ REAL muß bei *Dezimalschreibweise* der Formatschlüssel F zugeordnet werden. Die Gesamtstellenzahl des Zahlenwertes, der der Variablen bei der Eingabe zugeordnet werden soll, ist w. Dezimalzeichen und Vorzeichen werden als Stelle mitgezählt. Die Anzahl der Stellen hinter dem Dezimalzeichen wird durch d festgelegt. Die Konstanten w und d werden durch einen Punkt getrennt.

Beispiel:

Es soll für die Variable X der Zahlenwert + 157,89 in Dezimalschreibweise eingegeben werden. Wie lautet die zugehörige Eingabeanweisung?

Der Wert der Variablen, der in Dezimalschreibweise vorliegt, ist vom Typ REAL. Aus diesem Grunde ist der F – Schlüssel zu wählen. Der Zahlenwert hat einschließlich Vorzeichen und Dezimalzeichen 7 Stellen. Somit ist w = 7. Die Stellenzahl nach dem Komma ist 2. Somit ist d = 2. Der Formatschlüssel, der der Variablen X zuzuordnen wäre, ist F 7.2. Die vollständige Eingabeanweisung wäre z.B. für diesen Fall

```
  .
  .
  READ (1Ø, 8) X
8 FORMAT (F 7.2)
  .
  .
  .
```

• Der E – Schlüssel

Formatschlüssel	Allgem. Form	Erläuterung
E – Schlüssel	E w. d	Einer Variablen vom Typ REAL muß bei *Exponentialschreibweise* der Formatschlüssel E zugeordnet werden. Der Zahlenwert, der der Variablen bei der Eingabe zugeordnet werden soll, muß stets so umgeformt sein, daß ein echter Dezimalbruch (Werte zwischen 1 und 0,1) nebst dem zugehörigen Dezimalexponenten entsteht (normierte Darstellungsweise von Zahlen in Exponentialschreibweise vgl. 5.2.2). Die Stellenzahl einschließlich Dezimalzeichen, Vorzeichen und Exponentialzeichen ist w. Die Anzahl der Stellen nach dem Komma des echten Dezimalbruches ist d. Die beiden Konstanten w und d werden durch einen Punkt getrennt.

Beispiel:

Es soll für die Variable Y der Zahlenwert – 25,67 in Exponentialschreibweise eingegeben werden. Wie lautet die zugehörige Eingabeanweisung?

Da der Zahlenwert noch nicht in der normierten Exponentialschreibweise vorliegt, muß er so umgeformt werden, daß ein echter Dezimalbruch nebst dem zugehörigen Dezimalexponenten entsteht. Die Umformung ergibt: $Y = -0{,}2567 \cdot 10^2$.

Diese aus der Mathematik gewohnte Darstellung kann wegen des hochgestellten Exponenten nicht direkt in FORTRAN verwendet werden. Die zugehörige FORTRAN-Schreibweise ist:
Y = – Ø.2567 E + Ø2.

Der Buchstabe E deutet an, daß die folgende Zahl der Dezimalexponent zur vorhergehenden Zahl ist. Diese Darstellungsform des Zahlenwertes ist nun geeignet die benötigten Stellenzahlen für den Formatschlüssel festzulegen.

Der Zahlenwert hat einschließlich Vorzeichen, Dezimalzeichen und Exponentialzeichen 11 Stellen. Somit ist w = 11. Die Zahl der Stellen nach dem Komma des echten Dezimalbruches ist d = 4. Der Formatschlüssel, der der Variablen Y zuzuordnen wäre, ist also E 11.4. Die vollständige Eingabeanweisung wäre z.B. in diesem Fall:

```
      .
      .
      READ (1Ø, 9) Y
    9 FORMAT (E 11.4)
      .
      .
      .
```

• Der L – Schlüssel

Formatschlüssel	Allgem. Form	Erläuterung
L – Schlüssel	L w	Einer logischen Variablen muß der Formatschlüssel L zugeordnet werden. Da die Wahrheitswerte .TRUE. mit T und .FALSE. mit F abgekürzt in die DVA eingegeben werden, wird man für die Stellenzahl w des Wahrheitswertes in der Praxis stets 1 wählen, da eine größere Stellenzahl für die logische Variable nie in Betracht kommt.

Beispiel:

Es soll für die logische Variable A der Wahrheitswert .TRUE. eingegeben werden. Wie lautet die zugehörige Eingabeanweisung?

Es handelt sich um eine logische Variable. Es muß daher der L-Schlüssel gewählt werden. Da die Wahrheitswerte mit T bzw. F abgekürzt in die DVA eingegeben werden, ist die Stellenzahl w = 1. Der Formatschlüssel, der der Variablen A zugeordnet werden muß, ist also L 1. Die vollständige Eingabeanweisung wäre z.B. für diesen Fall:

```
    .
    .
    READ (1Ø, 3) A
3   FORMAT (L 1)
    .
    .
    .
```

10.3.2. Die Erstellung von Datenkarten

Auf den Übersetzungslauf des Programmes, bei dem die problemorientierte Programmiersprache mit Hilfe des Compilers in die Maschinensprache übersetzt wird, folgt der eigentliche Rechenlauf. Die Werte, mit denen das Programm durchgerechnet werden soll, werden mit Lochkarten, den sog. *Datenkarten*, in die DVA eingegeben. Die Eingabeanweisung, insbesondere die FORMAT-Vereinbarung, spiegelt den Aufbau und die Anordnung dieser Daten auf den Datenkarten wider.

Auf den Datenkarten stehen die einzelnen Zahlenwerte, mit denen ein Programm durchgerechnet werden soll. Diese Daten beanspruchen auf den Datenkarten Datenfelder, die von der Stellenzahl der einzelnen Daten abhängen. Die Reihenfolge, der Aufbau und die Stellenzahl der Daten auf den Datenkarten wird der DVA mit Hilfe der Eingabeanweisung schon im Programm erklärt, bevor die Daten von den Datenkarten in die DVA eingelesen werden.

Beispiel:

Es sollen für die Variablen N, X und Y die Zahlenwerte 157, + 175,89 und − 0,2567 · 10² in eine DVA eingegeben werden.

Diese Werte werden folgendermaßen auf einer Lochkarte angeordnet:

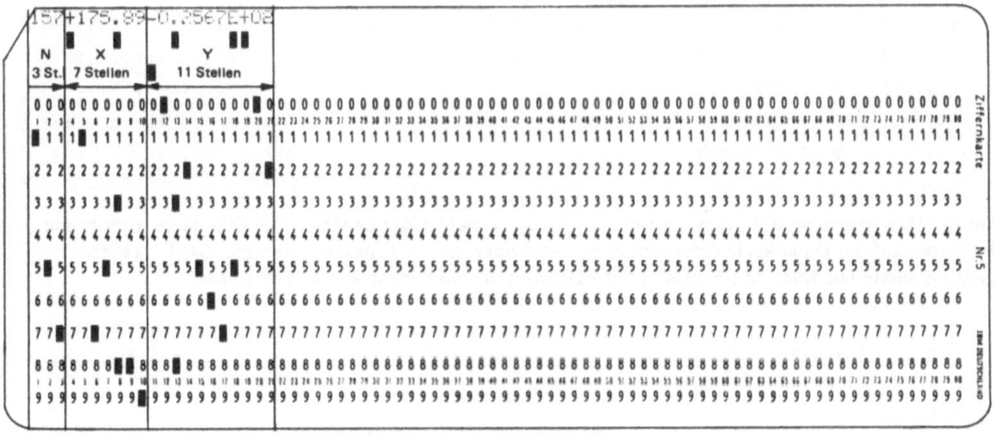

157+175.89-0.2567E+02
N | X | Y
3 St. | 7 Stellen | 11 Stellen
Ziffernkarte
Nr. 5
IBM DEUTSCHLAND

Die erste Zahl erfordert ein Feld von 3 Stellen auf der Lochkarte, die zweite Zahl ein Feld von 7 Stellen und die dritte Zahl ein Feld von 11 Stellen.

Die zugehörige vollständige Eingabeanweisung lautet (vgl. 10.1 und 10.3.1).

```
      .
      .
      READ (1Ø, 4) N, X, Y
    4 FORMAT (I 3, F 7.2, E 11.4)
      .
      .
      .
```

Die Eingabeanweisung erklärt auf diese Weise der DVA, daß auf den ersten drei Stellen der Lochkarte der Wert für die Variable N zu finden ist. Weiter erklärt sie, daß auf den folgenden 7 Stellen der Lochkarte der Wert für die Variable X zu finden ist, wobei die letzten beiden Stellen als Dezimalstellen zu werten sind. Ähnliches gilt für die Variable Y.

Die senkrechten Striche, die die Datenfelder auf der obigen Datenkarte voneinander trennen, sind zur Verdeutlichung angegeben. Sie sind normalerweise nicht vorhanden. Variablennamen und Stellenzahlen wurden ebenfalls zum besseren Verständnis nachträglich hinzugefügt.

Die FORMAT-Vereinbarung sorgt dafür, daß aus einer Kette von FORTRAN-Zeichen auf einer Datenkarte stets die richtigen Zahlenwerte für die verschiedenen Variablen entnommen werden.

Beispiel:

Sollte z.B. für die Variable N im o.a. Beispiel anstelle des Zahlenwertes 157 der Zahlenwert 25 678 eingegeben werden, so hätte die Datenkarte folgendes Aussehen:

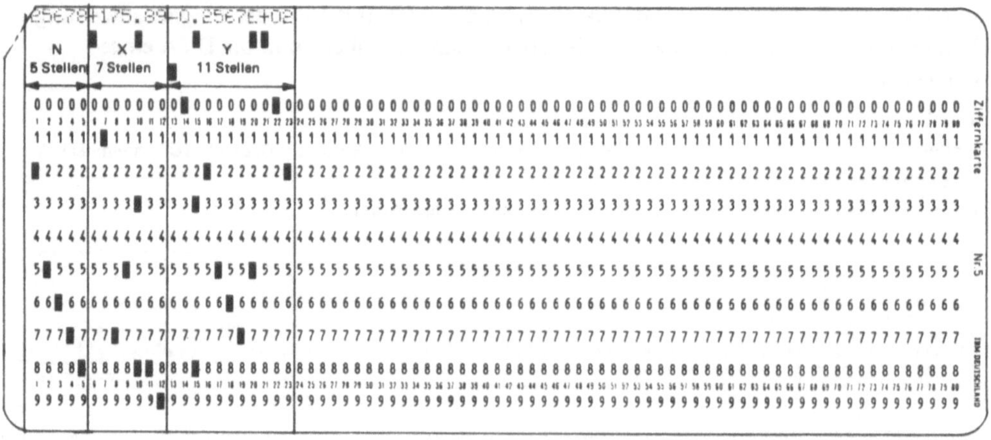

25678+175.89-0.2567E+02

N 5 Stellen | X 7 Stellen | Y 11 Stellen

Auf der Datenkarte wird für den Wert der Variablen N mehr Platz benötigt. Die geänderte Anordnung der Daten auf der Datenkarte erfordert auch eine Änderung der Eingabeanweisung. Die Eingabeanweisung müßte wie folgt im I-Schlüssel der FORMAT-Vereinbarung abgeändert werden.

```
      .
      .
      READ (1Ø, 4) N, X, Y
    4 FORMAT (I 5, F 7.2, E 11.4)
      .
      .
```

Würde man den Aufbau und die Anordnung der Daten auf den Datenkarten stets den jeweiligen Zahlenwerten anpassen, so müßte man die Eingabeanweisung des Programms häufig ändern. Dies ist nicht erwünscht. Ziel ist es, Programme möglichst ohne Änderungen für eine Vielzahl von Werten verwenden zu können. Dabei geht man folgendermaßen vor:

Es wird versucht, den Bereich abzuschätzen, in dem die Zahlenwerte liegen werden, mit denen im Programm gerechnet wird. Bei der Aufstellung der Eingabeanweisung wird dann von den Zahlenwerten für die einzelnen Variablen ausgegangen, die die höchste Stellenzahl auf den Datenkarten aufweisen werden. In die sich daraus ergebenden Datenfelder passen natürlich auch alle jene Werte, die eine geringere Stellenzahl erfordern. Eine Veränderung der FORMAT-Vereinbarung wird überflüssig, wenn diese Werte rechtsbündig in den Datenfeldern angeordnet werden. Die Leerstellen werden dann als Nullen interpretiert, die den Wert nicht verfälschen.

Die Zahlenwerte müssen rechtsbündig in den ihnen zugedachten Datenfeldern stehen.

Beispiel:

Geht man z.B. in dem o.a. Beispiel davon aus, daß die Variable N voraussichtlich nicht größer als 500 000 wird, daß der Wert der Variablen X nicht + 5000.00 übersteigt und Y konstant bleibt, so legt man die Eingabeanweisung nach diesen Werten aus.

Aus der Datenkarte (s.u.) kann man die erforderliche Größe der Datenfelder direkt ablesen.

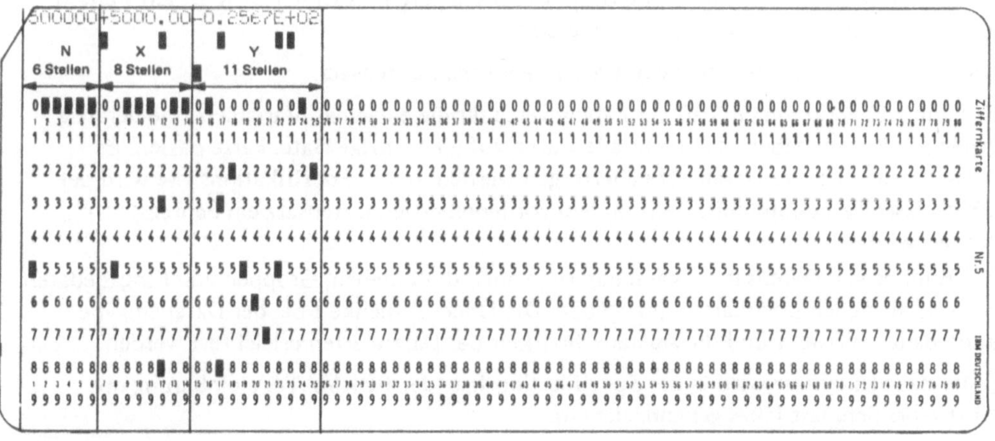

Die zugehörige Eingabeanweisung wäre:

```
      .
      .
      READ (1Ø, 4) N, X, Y
    4 FORMAT (I 6, F 8.2, E 11.4)
      .
      .
      .
```

Diese Eingabeanweisung braucht nicht geändert zu werden, wenn man die Werte des 1. Beispiels N = 157; X = + 175.89; Y = $-$ 0.2567 $\cdot 10^2$ über eine Datenkarte eingeben möchte. Die Datenkarte muß dann wie folgt abgelocht werden:

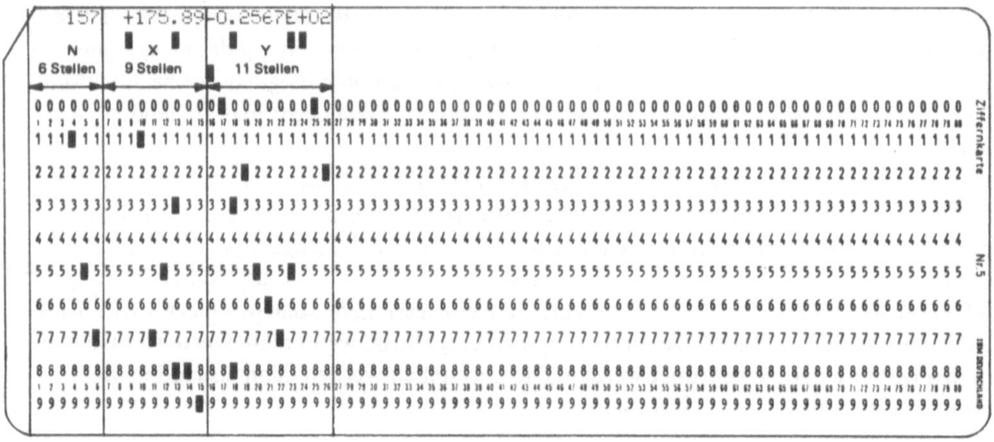

157 +175.89 -0.2567E+02

N 6 Stellen | X 9 Stellen | Y 11 Stellen

Wird eine Datenkarte durch Datenfelder nicht in voller Länge ausgenutzt, so bleiben diese Stellen frei.

10.3.3. Die Bildung von Eingabedatensätzen

Es wurde gezeigt, daß jeder Formatschlüssel in der FORMAT-Vereinbarung für die ihm zugeordnete Variable ein Datenfeld bestimmter Stellenbreite reserviert. Die Daten werden auf der Datenkarte hintereinander aufgereiht.

Die auf *einer* Lochkarte stehenden Daten nennt man Datensatz.

Es kann z.B. vorkommen, daß die Zahlenwerte für die einzelnen Variablen eine derartig große Stellenzahl haben, daß nicht alle Daten auf eine einzige Datenkarte passen. Es müssen dann mehrere Datensätze übertragen werden. In der Spezifikationsliste wird der DVA dieser Tatbestand mitgeteilt, indem vor jeden neuen Datensatz ein Schrägstrich „/" gestellt wird.

Die Bildung von Datensätzen kann natürlich auch dazu dienen, Gruppen von Eingabedaten auf verschiedenen Lochkarten anzugeben. Die Übersichtlichkeit bei der Dateneingabe kann dadurch erhöht und die Austauschbarkeit der Datenkarten erleichtert werden.

Jeder neue Datensatz wird in der Spezifikationsliste der FORMAT-Vereinbarung mit Hilfe eines Schrägstriches gekennzeichnet.

Beispiel:

In einem Programm möge folgende Eingabeanweisung stehen:

```
      .
      .
      READ (1Ø, 3) N, X (1), X (2), X (3), X (4)
    3 FORMAT (I 3/E 16.8, E 16.8, E 16.8, E 16.8)
      .
      .
```

Durch diese FORMAT-Vereinbarung wird erreicht, daß die Variable N auf einer ersten Datenkarte im I 3-Format eingelesen wird und anschließend auf eine neue Lochkarte übergegangen wird. Auf dieser zweiten Lochkarte stehen die Werte für X (1), X (2), X (3), X (4) im E 16.8 Format.

Soll das Programm für verschiedene Werte von N durchgerechnet werden, braucht nur die 1. Datenkarte gegen eine andere ausgetauscht werden. Die 2. Datenkarte bleibt unverändert.

10.3.4. Schreibvereinfachungen bei den FORMAT-Vereinbarungen

FORMAT-Vereinbarungen können vielfach in ihrer Schreibweise vereinfacht werden durch

- Wiederholungsfaktoren
- Wiederholungsklammern

Wiederholungsfaktoren

Im vorangegangenen Beispiel wurde in der FORMAT-Vereinbarung viermal der gleiche Formatschlüssel E 16.8 für die Variablen X (1), X (2), X (3) und X (4) geschrieben. Dies ist recht aufwendig. In FORTRAN besteht daher die Möglichkeit, Gruppen gleicher Formatschlüssel vereinfacht zusammenzufassen.

Folgen in einer FORMAT-Vereinbarung a gleiche Formatschlüssel aufeinander, so kann man dies vereinfacht darstellen, indem ein Wiederholungsfaktor der Größe a vor den gemeinsamen Formatschlüssel gestellt wird.

Die allgemeine Form der Formatschlüssel ist somit

a **I** w [1)]
a **F** w **.** d
a **E** w **.** d
a **L** w

Beispiel:

Wählt man das Beispiel aus dem vorangegangenen Kapitel, so läßt sich die FORMAT-Vereinbarung der Eingabeanweisung folgendermaßen vereinfachen:

```
      .
      .
      READ (1Ø, 3) N, X (1), X (2), X (3), X (4)
    3 FORMAT (I 3/4 E 16.8)
      .
      .
      .
```

Wiederholungsklammern

Die Spezifikationsliste der FORMAT-Vereinbarung muß immer eingeklammert werden (Klammerung 0. Ordnung). Durch weitere Klammerungen in der Spezifikationsliste wird es möglich, einzelne Formatschlüssel sowie Gruppen von Formatschlüsseln zu wiederholen. Dabei darf in einer ersten Klammerung innerhalb der Spezifikationsliste (Klammerung 1. Ordnung) höchstens noch eine weitere Klammer (Klammerung 2. Ordnung) stehen.

Gruppen von Formatschlüsseln können mit Hilfe von Wiederholungsklammern so oft wiederholt werden, bis allen Variablen der Eingabeliste einer READ-Anweisung ein Formatschlüssel zugeteilt ist.

---

1) Die fett gedruckten Zeichen sind bei den Formatschlüsseln immer gleich.

Jede Wiederholung entspricht einem Datensatz. Der *erste* Datensatz ist vom Anfang bis zum Ende der FORMAT-Vereinbarung definiert. Die folgenden Datensätze sind innerhalb der FORMAT-Vereinbarung von der am weitesten rechts stehenden „Klammer auf" der Klammer 1. Ordnung bis zum Ende der FORMAT-Vereinbarung definiert. Wiederholungsfaktoren werden berücksichtigt.

Dieser Merksatz ist folgendermaßen zu verstehen:

Wenn die Spezifikationsliste einer FORMAT-Vereinbarung einmal vom Anfang bis zum Ende abgearbeit wurde, aber für eine Reihe von Variablen der Eingabeliste der READ-Anweisung noch Werte zu übertragen sind, die noch keinen Formatschlüssel zugewiesen bekommen haben, so werden diesen Variablen die Formatschlüssel in folgender Form zugewiesen:

Vom Ende der Spezifikationsliste wird in Richtung Anfang zurückgegangen, bis zum ersten Mal eine „Klammer auf" 1. Ordnung vorkommt. Die Spezifikationsliste wird von dieser Stelle erneut bis zum Ende abgearbeitet. Dieser Vorgang kann sich so oft wiederholen, bis alle Variablen einen Formatschlüssel zugewiesen bekommen haben.

Beispiel:

Die folgende Eingabeanweisung könnte Teil eines Programms sein. Sie soll ausführlich diskutiert werden. Die Eingabeanweisung

```
    DIMENSION A (2Ø)
    .
    .
    READ (1Ø, 3) N, (A (I), I = 1, N)
  3 FORMAT (I 3/(4 E 16.8))
    .
    .
    .
```

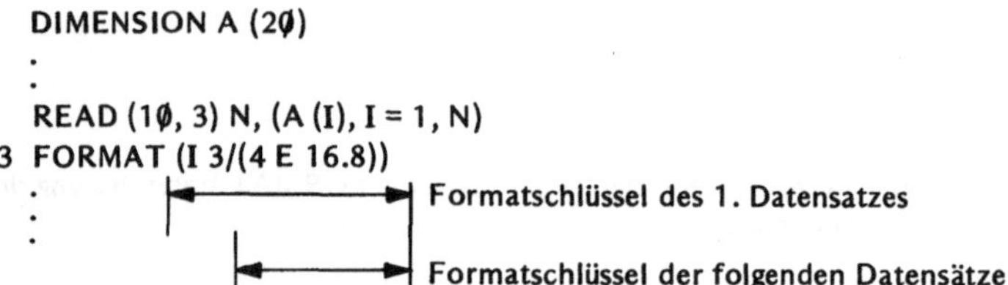

bewirkt, daß zunächst die Variable N im I 3 Format eingelesen wird.

Der folgende Querstrich in der FORMAT-Vereinbarung sorgt dafür, daß auf die nächste Lochkarte übergegangen wird. Die nächsten 4 Größen A (1), A (2), A (3) und A (4) werden infolge des Formatschlüssels 4 E 16.8 im E 16.8 Format von der zweiten Lochkarte eingelesen. Damit ist das Ende der FORMAT-Vereinbarung erreicht. Es soll jedoch laut DIMENSION-Vereinbarung ein Feld A mit 20 Werten eingegeben werden. Es wurde bisher aber erst vier Variablen ein Formatschlüssel zugewiesen. Da die FORMAT-Vereinbarung mehrere Klammerstufen aufweist, muß die o.a. Regel angewendet werden. Sie besagt, daß vom Ende der Spezifikationsliste in Richtung Anfang zurückgegangen werden muß, bis zum ersten Mal eine „Klammer auf" 1. Ordnung vorkommt. In diesem Beispiel kommen nur Klammern 0. und 1. Ordnung vor, wobei die Klammern 0. Ordnung die üblichen Begrenzungen der Spezifikationsliste bilden. Daher wird zur „Klammer auf" vor dem Formatschlüssel 4 E 16.8 übergegangen. Ausgehend von dieser Klammer wird die Spezifikationsliste erneut abgearbeitet. Somit bekommen die Variablen A (5), A (6), A (7) und A (8) die Formate E 16.8 zugeordnet. Die Werte dieser Variablen stehen auf einer neuen Lochkarte, da es sich um einen neuen Datensatz handelt. Die Zuordnung von Formatschlüsseln ist noch immer nicht abgeschlossen, denn erst 8 der 20 Variablen wurde ein Formatschlüssel zugewiesen. Der letzte Schritt wird daher so lange wiederholt, bis allen Variablen ein Formatschlüssel zugewiesen wurde. Die Werte der Variablen A (1) bis A (2Ø) benötigen insgesamt 5 Lochkarten. Für den Fall, daß beispielsweise nur insgesamt 19 Werte für das Feld A eingelesen werden sollen, werden auf der letzten Lochkarte nur 3 Werte eingetragen. Die restlichen Stellen bleiben frei.

Tritt in einer FORMAT-Vereinbarung keine zusätzliche Klammerstufe auf, obwohl noch nicht allen Variablen der Eingabeliste der READ-Anweisung ein Formatschlüssel zugewiesen wurde, so wird die Spezifikationsliste der FORMAT-Vereinbarung vom Anfang bis zum Ende wiederholt. Die zugehörigen Daten bilden einen neuen Datensatz. Dieser Vorgang wiederholt sich so lange, bis allen Variablen ein Formatschlüssel zugewiesen wurde.

Beispiel:

Es soll ein zweifach indiziertes Feld A (I, K) für I = 1 bis 2 und K = 1 bis 15 mit je 6 Werten auf einer Lochkarte eingelesen werden.

```
      DIMENSION A (2, 15)
      .
      .
      DO 5 I = 1, 2
    5 READ (1Ø, 6) (A (I, K), K = 1, 15)
    6 FORMAT (6 E 16.8)
      .
      .
      .
```

Die 1. Lochkarte enthält: A (1, 1), A (1, 2), A (1, 3), ..., A (1, 6)
Die 2. Lochkarte enthält: A (1, 7), A (1, 8), A (1, 9), ..., A (1, 12)
Die 3. Lochkarte enthält: A (1, 13), A (1, 14), A (1, 15),
Die 4. Lochkarte enthält: A (2, 1), A (2, 2), A (2, 3), ..., A (2, 6)
Die 5. Lochkarte enthält: A (2, 7), A (2, 8), A (2, 9), ..., A (2, 12)
Die 6. Lochkarte enthält: A (2, 13), A (2, 14), A (2, 15).

10.4. Zusammenfassung

Die Eingabeanweisung hat in FORTRAN folgende allgemeine Form:

READ (g, n) Eingabeliste
n **FORMAT** (Spezifikationsliste)

Mit Hilfe der READ-Anweisung kann man beliebig vielen Variablen beliebigen Typs Werte zuweisen.

Die Variablen werden, durch Kommata getrennt, in einer „Eingabeliste“ aufgelistet.

Die Reihenfolge der Variablen kann beliebig sein.

In der „Eingabeliste“ der READ-Anweisung können auch indizierte Variablen und Felder stehen.

Eine einzelne indizierte Variable wird in der „Eingabeliste“ durch Nennung des Variablennamens und des Index angegeben.

Die auf ein Feld bezogenen Angaben sind in der „Eingabeliste“ in Klammern zu setzen. In der Klammer steht die mit einem variablen Index versehene Variable. Die indizierte Variable wird von der Laufvorschrift für den Index durch ein Komma getrennt. Durch Schachtelung können auch doppelt indizierte Felder eingegeben werden.

Wenn alle Komponenten eines Feldes eingegeben werden sollen, genügt es allerdings, den Feldnamen ohne jeglichen Index anzugeben. Das Feld ist dann durch die DIMENSION-Vereinbarung genügend erklärt.

Den in der „Eingabeliste" stehenden Variablen werden mit Hilfe von Datenkarten der Reihe nach Werte zugewiesen.

Die READ-Anweisung gibt ferner durch Angabe einer Gerätenummer „g" den Hinweis, von welchem Eingabegerät Daten zu erwarten sind.

Weitere Aussagen über Anordnung und Form der Daten auf den Eingabemedien werden in einer der READ-Anweisung zugeordneten FORMAT-Vereinbarung getroffen. Die Anweisungsnummer „n" in der READ-Anweisung weist auf die der READ-Anweisung zugeordneten FORMAT-Vereinbarung hin.

Die FORMAT-Vereinbarung

n **FORMAT** $(S_1, S_2, \ldots, S_i)$

gibt für jede der i Variablen der Eingabeliste der READ-Anweisung einen Formatschlüssel S_i an, der Aufschluß darüber gibt, in welcher Form die Daten in die Datenverarbeitungsanlage eingelesen werden. Die Reihenfolge der Formatschlüssel richtet sich nach der Reihenfolge der Variablen in der Eingabeliste der READ-Anweisung.

Die Formatschlüsseltypen richten sich nach Form und Platzbedarf der einzugebenden Daten.

Man unterscheidet bei der Eingabe folgende Formatschlüssel:

I w für Variablen vom Typ INTEGER
F w.d für Variablen vom Typ REAL bei Dezimalschreibweise
E w.d für Variablen vom Typ REAL bei Exponentialschreibweise
L w für logische Variablen

Auf den Datenkarten stehen die einzelnen Zahlenwerte, mit denen ein Programm durchgerechnet werden soll. Diese Daten beanspruchen auf den Datenkarten Datenfelder, die von der Stellenzahl der einzelnen Daten abhängen. Reihenfolge, Aufbau und Stellenzahl der einzelnen Daten auf den Datenkarten werden der DVA mit Hilfe der Eingabeanweisung schon im Programm erklärt, bevor die Daten von den Datenkarten in die DVA eingelesen werden.

Die FORMAT-Vereinbarung sorgt dafür, daß aus einer Kette von FORTRAN-Zeichen auf einer Datenkarte stets die richtigen Zahlenwerte für die verschiedenen Variablen entnommen werden.

Die Zahlenwerte müssen rechtsbündig in den ihnen zugedachten Datenfeldern stehen.

Wird eine Datenkarte durch Datenfelder nicht in voller Länge ausgenutzt, so bleiben die nicht benutzten Datenfelder frei.

Die auf *einer* Lochkarte stehenden Daten nennt man Datensatz.

Jeder neue Datensatz wird in der Spezifikationsliste der FORMAT-Vereinbarung mit Hilfe eines Schrägstriches gekennzeichnet.

FORMAT-Vereinbarungen können vielfach in ihrer Schreibweise vereinfacht werden durch

- Wiederholungsfaktoren
- Wiederholungsklammern

Folgen in einer FORMAT-Vereinbarung a gleiche FORMAT-Schlüssel aufeinander, so kann man dies vereinfacht darstellen, indem ein Wiederholungsfaktor vor den gemeinsamen Formatschlüssel gestellt wird. Gruppen von Formatschlüsseln können mit Hilfe von Wiederholungsklammern so oft wiederholt werden, bis allen Variablen der Eingabeliste einer READ-Anweisung ein Formatschlüssel zugeteilt ist.

Jede Wiederholung entspricht einem Datensatz. Der *erste* Datensatz ist vom Anfang bis zum Ende der FORMAT-Vereinbarung definiert. Die *folgenden* Datensätze sind innerhalb der FORMAT-Vereinbarung von der am weitesten rechts stehenden „Klammer auf" der Klammer 1. Ordnung bis zum Ende der FORMAT-Vereinbarung definiert. Wiederholungsfaktoren werden berücksichtigt.

Tritt in einer FORMAT-Vereinbarung keine zusätzliche Klammerstufe auf, obwohl noch nicht allen Variablen der Eingabeliste der READ-Anweisung ein Formatschlüssel zugewiesen wurde, so wird die Spezifekationsliste der FORMAT-Vereinbarung vom Anfang bis zum Ende wiederholt. Die zugehörigen Daten bilden einen neuen Datensatz. Dieser Vorgang wiederholt sich so lange, bis allen Variablen ein Formatschlüssel zugewiesen wurde.

10.5. Übungsaufgaben

Mit Hilfe der folgenden Übungsaufgaben soll das Schreiben und Lesen von FORTRAN-Eingabeanweisungen geübt werden.

Aufgabe 10.1

Wie müssen die Daten auf den Datenkarten dargestellt werden, wenn ihnen folgende Formatschlüssel zugeordnet sind?

Nr.	FORMAT-Vereinb.	Antwort
1	6 I 3	
2	10 E 16.8	
3	8 F 5.2	
4	5 L 1	
5	3 I 2, 2 F 8.4, E 16.8	

Aufgabe 10.2

Ordnen Sie den folgenden Zahlenwerten einen entsprechenden Formatschlüssel zu:

Nr.	Zahlenwert	Formatschlüssel
1	576 849	
2	6,28	
3	+ 0,1354 10^{-5}	
4	522,768	

Aufgabe 10.3

Sind die folgenden Eingabeanweisungen richtig aufgebaut?

Nr.	FORTRAN-Eingabeanweisung	Ja	Nein
1	READ A, B, C 7 FORMAT (F 5.2, F 4.2, F 3.2)	○	○
2	READ (1Ø, 1Ø) K, L, M (5) 8 FORMAT (I2, I 3, I 4)	○	○
3	READ (1Ø, 71) L, M, N 71 FORMAT (I 3/I 3/I 3)	○	○
4	READ (1Ø, 2Ø) X, Y n FORMAT (2 F 5.2)	○	○
5	DIMENSION D (1ØØØ) . . READ (1Ø, 1ØØØ) M, (D (N), N = 5,7) 1ØØØ FORMAT (I 5/3 F 5.3)	○	○
6	DIMENSION B (6, 6) . . . READ (1Ø, 6) A, B (4, 6) 6 FORMAT (I 2, E 1Ø.3)	○	○
7	READ (1Ø, 5) K F 5 FORMAT (I 3, F 4.2)	○	○
8	DIMENSION B (6, 6) . READ (1Ø, 58) ((B (I, K), I = 1, 2), K = 2, 3) 58 FORMAT (4 E 1Ø.2)	○	○
9	DIMENSION F (5, 5) . . READ (1Ø, 66) (F (2, J), J = 1, 3) 66 FORMAT (3 F 1Ø.8)	○	○
10	READ (1Ø, 9) U, D (1Ø) 9 FORMAT (F 3.1, F 8.5	○	○

Aufgabe 10.4

Für folgende Aufgaben sind die Eingabeanweisungen anzugeben!

Nr.	Aufgabentext
1	Zur Berechnung des Würfelvolumens ist die Seitenlänge des Würfels einzugeben. Die Längenangabe erfolgt in m und cm, wobei keine Längen über 10 m vorkommen. Wie heißt die Eingabeanweisung?
2	Der Tagesumsatz eines Großmarktes wird mit Hilfe einer DVA berechnet. Dazu ist jeder verkauften Ware eine Datenkarte beigefügt. Sie enthält die Artikelnummer und den Preis. Der Großmarkt führt höchstens 100 000 Artikel, deren Preise alle unter 10 000 DM liegen. Wie könnte die Eingabeanweisung für ein derartiges Programm heißen?
3	Bei einer Bank mit 100.000 Konten sollen für die Konten mit der Kontonummer 100–108 die neuen Kontostände eingegeben werden. Dabei soll davon ausgegangen werden, daß die Kontoinhaber weniger als 1 Million DM auf dem Konto haben. Wie könnte die zugehörige Eingabeanweisung leuten?

11. Ausgabeanweisungen

Im Anschluß an die Datenverarbeitung muß die Möglichkeit bestehen, auf einfache Weise vom Programm her eine Ausgabe der gewünschten Ergebnisse in vorgegebener Form zu veranlassen. Dazu benötigt man Ausgabeanweisungen, die so anpassungsfähig sind, daß sie sich für unterschiedliche Ausgabegeräte und für die verschiedensten Darstellungsformen im Druckbild gleichermaßen gut eignen.

11.1. Die allgemeine Form der Ausgabeanweisung

Die Ausgabeanweisung soll einen Datentransport zwischen dem Speicher der DVA und den peripheren Ausgabegeräten (vgl. 1.4 und [1]) veranlassen. Der DVA muß dazu mitgeteilt werden,

- daß Daten ausgegeben werden sollen;
- welches Ausgabegerät Daten ausgeben soll (z.B. der Schnelldrucker, der Bildschirm usw.);
- für welche Variablen Daten ausgegeben werden sollen;
- von welchem Typ die ausgegebenen Daten sein werden;
- in welcher Reihenfolge die Daten ausgegeben werden sollen;
- wie die Daten dargestellt werden sollen (z.B. Darstellung der Zahlen in Exponential- oder Dezimalform);
- an welcher Stelle die Daten auf dem Papier stehen sollen.

Diese Vielzahl von Informationen wird der DVA durch eine geeignete Ausgabeanweisung mitgeteilt.

Die Ausgabeanweisung hat folgende allgemeine Form:

WRITE (**g**, **n**) Ausgabeliste [1)]
n **FORMAT** (Spezifikationsliste)

Die Ausgabeanweisung hat offensichtlich eine ähnliche Form wie die Eingabeanweisung.

- Die DVA erhält den Hinweis, daß Daten ausgegeben werden sollen, durch das Wortsymbol *WRITE* (deutsch: Schreibe).
- Den Hinweis, welches Ausgabegerät benutzt werden soll, erhält die DVA durch die Angabe der *Gerätenummer g*. Die einzelnen Gerätenummern der Ausgabegeräte werden bei der Installation der DVA individuell festgelegt. In den folgenden Beispielen wird der Schnelldrucker als Ausgabegerät mit der Gerätenummer g = 7 angenommen.
- Die *Anweisungsnummer n* in der WRITE-Anweisung weist auf die der WRITE-Anweisung zugeordneten FORMAT-Vereinbarung mit der Anweisungsnummer n hin.
- Die FORMAT-Vereinbarung enthält in ihrer Spezifikationsliste Aussagen über Anordnung und Form der Daten auf dem Ausgabemedium. Darauf wird in Abschnitt 11.3 noch ausführlich eingegangen.
- Über eine *Ausgabeliste* wird die DVA darauf hingewiesen, für welche Variablen Werte ausgegeben werden sollen und von welchem Typ sie sind.

Mit Hilfe der Ausgabeanweisung können für beliebig viele Variablen jeden Typs Ergebnisse ausgegeben werden. Die Variablen werden, durch Kommata getrennt, in einer „Ausgabeliste" aneinander gereiht.

Das jeweilige Ausgabegerät wird durch Angabe einer Gerätenummer g angesprochen. Aussagen über Anordnung und Form der Werte auf den Ausgabemedien werden in einer der WRITE-Anweisung zugeordneten FORMAT-Vereinbarung getroffen.

Die Anweisungsnummer „n" in der WRITE-Anweisung weist auf die der WRITE-Anweisung zugeordneten FORMAT-Vereinbarung mit der Anweisungsnummer n hin.

Beispiel für Ausgabeanweisungen:

Es sollen über den Schnelldrucker mit der Gerätenummer g = 7 Werte für die Variablen STROM und SPANN ausgedruckt werden.

Die Ausgabeanweisung lautet dazu:

```
      .
      .
      WRITE (7, 3) STROM, SPANN
    3 FORMAT (Spezifikationsliste)
      .
      .
      .
```

Erläuterung:

Die Gerätenummer des Schnelldruckers ist g = 7. Als Anweisungsnummer wurde n = 3 gewählt. Die Variablenliste besteht, durch Kommata getrennt, aus den zwei Variablen STROM und SPANN. Aussagen über Anordnung und Form der Werte auf dem Ausgabeformular des Schnelldruckers werden in der

---

1) Die fett gedruckten Zeichen sind in jeder Angabeanweisung gleich.

FORMAT-Vereinbarung getroffen. Der Bezug zwischen WRITE-Anweisung und FORMAT-Vereinbarung wird über die Anweisungsnummer 3 hergestellt. Auf die Spezifikationsliste wird in Abschnitt 11.3 noch näher eingegangen, so daß die FORMAT-Vereinbarung in diesem Beispiel noch in ihrer allgemeinen Form dargestellt wurde.

11.2. Die Form der Ausgabeanweisung bei indizierten Variablen und Feldern

FORTRAN bietet selbstverständlich auch die Möglichkeit, indizierte Variablen und Felder auszugeben. Es gelten dabei die gleichen Regeln wie bei der Eingabe von indizierten Variablen und Feldern.

In der „Ausgabeliste" der WRITE-Anweisung können auch indizierte Variablen und Felder stehen. Eine einzelne indizierte Variable wird in der „Ausgabeliste" durch Nennung des Variablennamens und des Index angegeben.

Die auf ein Feld bezogenen Angaben sind in der „Ausgabeliste" in Klammern zu setzen.

In der Klammer steht die mit einem veränderlichen Index versehene Variable.

Die indizierte Variable wird von der Laufvorschrift für den Index durch ein Komma getrennt.

Durch Schachtelung können auch mehrfach indizierte Felder ausgegeben werden.

Wenn alle Komponenten eines Feldes ausgegeben werden sollen, genügt es, den Feldnamen ohne jeglichen Index anzugeben.

Beispiel 1:

```
      .
      .
      WRITE (7, 3) A, B (6)
    3 FORMAT (Spezifikationsliste)
      .
      .
      .
```

Über einen Schnelldrucker mit der Gerätenummer g = 7 werden die Ergebnisse der Variablen a und der indizierten Variablen b_6 ausgedruckt. Das Druckbild wird in der Spezifikationsliste der FORMAT-Vereinbarung mit der Anweisungsnummer n = 3 festgelegt.

Beispiel 2:

```
      .
      .
      N = 1ØØ
      WRITE (7, 3) A, B, (C (I), I = 1, N)
    3 FORMAT (Spezifikationsliste)
```

Über einen Schnelldrucker mit der Gerätenummer g = 7 werden die Ergebnisse der Variablen a und b und des Feldes C für I = 1 bis N ausgegeben. Das Druckbild wird in der Spezifikationsliste der FORMAT-Vereinbarung mit der Anweisungsnummer n = 3 festgelegt.

11.3. Die Form der FORMAT-Vereinbarung

Bei der Ausgabeanweisung enthält die Spezifikationsliste der FORMAT-Vereinbarung

n **FORMAT** (Spezifikationsliste) [1]

Aussagen über Anordnung und Form der Daten auf dem Ausgabemedium.

---

[1] Die fett gedruckten Zeichen sind in jeder FORMAT-Vereinbarung gleich.

11.3.1. Die wichtigsten Formatschlüssel der Ausgabevariablen

Für jede in der „Ausgabeliste" der WRITE-Anweisung vorkommende Variable wird in der zugeordneten Spezifikationsliste der FORMAT-Vereinbarung ein Formatschlüssel S angegeben. Diese Formatschlüssel legen fest, wieviele Druckstellen für die Ausgabewerte der Variablen vorgesehen werden und in welcher Form (z.B. Dezimal- oder Exponentialschreibweise) die Ausgabewerte dargestellt werden. Dazu können die gleichen Formatschlüssel verwendet werden wie in der Eingabeanweisung.

Die Reihenfolge der Formatschlüssel richtet sich nach der Reihenfolge der Variablen in der „Ausgabeliste" der WRITE-Anweisung.

Die Formatschlüsseltypen der auszugebenden Daten richten sich nach deren Darstellungsform und deren Bedarf an Druckstellen.

Man unterscheidet, wie bei den Eingabeanweisungen, folgende wichtige Formatschlüssel:

- I – Schlüssel der Form I w
- F – Schlüssel der Form F w.d
- E – Schlüssel der Form E w.d
- L – Schlüssel der Form L w

Die Konstanten w und d sind wie bei der Eingabeanweisung zu interpretieren, nur mit dem Unterschied, daß es sich hier um Druckstellen auf dem Ausgabeformular handelt und nicht um Stellen auf der Lochkarte.

In Abschnitt 10.3.2 wurden für einige Beispiele Datenkarten für verschiedene Eingabeanweisungen gezeigt. Würde man in diesen Beispielen anstelle von READ die Aussage WRITE schreiben, so würde das auf den Datenkarten angegebene Schriftbild vom Drucker ausgegeben. Da die Daten zur guten Ausnutzung der Lochkarten zumeist recht gedrängt hintereinander stehen, würde die Übersichtlichkeit bei der Ausgabe darunter leiden. Ergebnisausdrucke sollen für jedermann ohne Kenntnis des Programms verständlich und übersichtlich dargeboten werden. Die Ausgabeanweisung muß daher die Möglichkeit bieten, Daten, die in der oben geschilderten Weise spezifiziert sind, an jeder beliebigen Stelle des Papiers drucken zu können. Ausgabedaten können dann ohne Schwierigkeiten übersichtlich auf dem Ausgabeformular gegliedert werden.

Da die FORMAT-Vereinbarung für die Form der Darstellung der Ausgabeergebnisse verantwortlich ist, enthält sie zusätzlich zu den bekannten Formatschlüsseln

- Vorschubzeichen und
- spezielle Formatschlüssel

11.3.2. Die Vorschubsteuerung des Schnelldruckers

Mit Hilfe von Vorschubzeichen in der FORMAT-Vereinbarung kann jede beliebige Druckzeile auf dem Papier vom Programm her zur Aufnahme der Ausgabeergebnisse bestimmt werden.

Ein Vorschubzeichen „v" am Anfang der Spezifikationsliste der FORMAT-Vereinbarung legt den Ort der ersten Ausgabe fest.

Bei einer Datenausgabe mit einem Schnelldrucker steht am Anfang der Spezifikationsliste der FORMAT-Vereinbarung stets ein Vorschubzeichen „v".

Eine detailliertere Form der FORMAT-Vereinbarung ist daher

n **FORMAT** (v, $S_1, S_2, \ldots, S_i$)

Man unterscheidet folgende Vorschubzeichen:

Vorschubzeichen v	Bedeutung
1 H 1	Vorschub zur 1. Zeile des nächsten Blattes
1 H ␣ [1]	Vorschub um eine Zeile
1 H Ø	Vorschub um zwei Zeilen
1 H +	kein Vorschub

Wünscht man eine größere Anzahl von Leerzeilen vor dem ersten Ausdruck, so kann man den Papiervorschub mit Hilfe von Schrägstrichen „/" in der Spezifikationsliste der FORMAT-Vereinbarung wunschgemäß steuern.

Folgen am Anfang der Spezifikationsliste einer FORMAT-Vereinbarung n Schrägstriche aufeinander, so bewirkt dies einen Vorschub von n Leerzeilen am Schnelldrucker. Die folgende Druckzeile wird in bekannter Weise durch ein entsprechendes Vorschubzeichen eingeleitet.

Beispiel:

Zu einer WRITE-Anweisung möge folgende FORMAT-Vereinbarung gehören:

11 FORMAT (// 1 H␣, $S_1, S_2, \ldots, S_i$) [1]

Erläuterung:

Die Verbindung der WRITE-Anweisung mit der zugehörigen FORMAT-Vereinbarung wird über die Anweisungsnummer 11 hergestellt. Zwei Schrägstriche am Anfang der Spezifikationsliste der FORMAT-Vereinbarung bewirken einen Vorschub von zwei Leerzeilen. Das Vorschubzeichen 1 H␣ bewirkt daraufhin noch einen Vorschub um eine Zeile. Dies ist die Druckzeile für die auszugebenden Daten, die in den folgenden Formatschlüsseln $S_1 \ldots S_i$ spezifiziert sind. Die FORMAT-Vereinbarung bewirkt somit insgesamt einen Vorschub von drei Zeilen, wobei die ersten beiden Zeilen Leerzeilen sind.

Folgen zwischen den Formatschlüsseln der Spezifikationsliste einer FORMAT-Vereinbarung n Schrägstriche aufeinander, so bewirkt dies, daß (n – 1) Leerzeilen zwischen den Druckzeilen der spezifizierten Daten ausgeben werden.

Beispiel:

Zu einer WRITE-Anweisung möge folgende FORMAT-Vereinbarung gehören:

11 FORMAT (1 H 1, S_1 / S_2 // S_3)

Erläuterung:

Das Vorschubzeichen 1 H 1 bewirkt einen Vorschub zur 1. Zeile des nächsten Blattes. Das Datum, (Einzahl von „die Daten"), das dem Formatschlüssel S_1 zugeordnet ist, wird gedruckt. Infolge des Schrägstriches in der Spezifikationsliste wird zur nächsten Zeile übergegangen. Die Zahl der folgenden Leerzeilen ergibt sich aus der Zahl der Schrägstriche minus Eins, d.h. in diesem Fall zu Null. Das Datum, das dem Formatschlüssel S_2 zugeordnet ist, wird also in der folgenden Zeile gedruckt. Daraufhin folgt eine Leerzeile. In der auf die Leerzeile folgenden Zeile wird schließlich das Datum, das dem Formatschlüssel S_3 zugeordnet ist, gedruckt.

---

[1] Das Zeichen ␣ soll eine Leerstelle (blank) kennzeichnen.

Folgen am Ende der Spezifikationsliste einer FORMAT-Vereinbarung n Schrägstriche aufeinander, so bewirkt dies am Schnelldrucker einen Vorschub von n Leerzeilen hinter der letzten Druckzeile.

Beispiel:

Zu einer WRITE-Anweisung möge folgende FORMAT-Vereinbarung gehören:

11 FORMAT (1 H 1, S_1 / S_2 // S_3 ///)

Erläuterung:

Der Anfang der Spezifikationsliste entspricht dem vorhergehenden Beispiel. Die drei Schrägstriche am Ende bewirken, daß drei Leerzeilen am Schnelldrucker ausgegeben werden, nachdem die letzte Zeile gedruckt wurde.

Eine weitere WRITE-Anweisung im gleichen Programm würde von diesem Zeilenstand ausgehen.

Eine neue WRITE-Anweisung bewirkt immer einen Übergang auf eine neue Druckzeile.

11.3.3. Der Formatschlüssel X

Mit der Möglichkeit, ein Ergebnis in jeder gewünschten Zeile drucken zu können, gibt man sich noch nicht zufrieden. Auch innerhalb einer Druckzeile will man die Ergebnisse nach Wunsch plazieren können. Es muß auch die Möglichkeit bestehen, Zwischenräume nach Maßgabe des Programmierers zwischen den Daten einer Zeile einzubauen. Dazu dient der Formatschlüssel X in der Spezifikationsliste.

Formatschlüssel	Allgemeine Form	Erläuterung
X – Schlüssel	w X	Mit Hilfe des Formatschlüssels X können Leerstellen innerhalb einer Druckzeile spezifiziert werden. Die Gesamtzahl der Leerstellen ist w.

Beispiel:

Zu einer WRITE-Anweisung möge folgende FORMAT-Vereinbarung gehören:

11 FORMAT (1 H 1, 20 X, F 5.2, 5 X, I 5)

Erläuterung:

Das Vorschubzeichen 1H1 bewirkt einen Vorschub zur 1. Zeile des nächsten Blattes. In dieser Zeile sollen Ergebnisse ausgedruckt werden. Zunächst werden jedoch, vom linken Rand ausgehend, 20 Leerstellen mit Hilfe des Formatschlüssels 20 X ausgegeben. Dann wird in ein Druckfeld von 5 Stellen, entsprechend dem Formatschlüssel F 5.2, eine REAL-Zahl in Dezimalschreibweise ausgegeben. Es folgen 5 Leerstellen. In einem Druckfeld von 5 Stellen wird schließlich entsprechend dem Formatschlüssel I 5 eine INTEGER-Zahl ausgegeben.

11.3.4. Der Formatschlüssel H

Mit Hilfe der Vorschubsteuerung und des Formatschlüssels X kann man die Ausgabedaten an jeder beliebigen Stelle auf dem Papier ausdrucken lassen. Dies ist eine Grundvoraussetzung, um Ausgabedaten übersichtlich zu gliedern. Die Übersichtlichkeit über die ausgegebenen Daten kann noch weiter gesteigert werden, wenn zusätzlich die Möglichkeit besteht, beliebige Texte zur Erläuterung in das Datenmaterial einzufügen. Dabei kann es sich um Überschriften, Tabellentexte, Maßeinheiten usw. handeln. Für die Ausgabe von festen Texten wird in FORTRAN der Formatschlüssel H benutzt.

Formatschlüssel	Allgemeine Form	Erläuterung
H – Schlüssel	w H	Mit Hilfe des Formatschlüssels H können feste alphanumerische Texte ausgegeben werden. Die Gesamtzahl der zum Text gehörenden alphanumerischen Zeichen ist w. Leerstellen zwischen dem Text werden mitgezählt. Der auszugebende Text steht hinter dem zugehörigen H – Schlüssel.

Soll in einer Druckzeile nur ein Text ausgegeben werden, so entfällt in der WRITE-Anweisung die Variablenliste.

Beispiel:

Es soll auf der 1. Zeile einer neuen Seite folgende Überschrift gedruckt werden:

Quadratische Gleichung Nr. 217

Die zugehörige Ausgabeanweisung lautet:

```
      :
      WRITE (7, 3)
    3 FORMAT (1 H 1, 3Ø H QUADRATISCHE ␣ GLEICHUNG ␣ NR. ␣ 217)
      :
```

Die Leerstellen, gekennzeichnet durch das Zeichen ␣, wurden mitgezählt

11.3.5. Schreibvereinfachungen bei den FORMAT-Vereinbarungen

Die FORMAT-Vereinbarungen der Ausgabe können vielfach in ihrer Schreibweise vereinfacht werden durch

- Wiederholungsfaktoren
- Wiederholungsklammern

Für Schreibvereinfachung in FORMAT-Vereinbarungen können sinngemäß die gleichen Regeln wie bei der Eingabeanweisung (vgl. 10.3.4) verwendet werden.

11.4. Zusammenfassung

Die Ausgabeanweisung hat folgende allgemeine Form:

> **WRITE** (g, n) Ausgabeliste
> n **FORMAT** (Spezifikationsliste)

Mit Hilfe der Ausgabeanweisung können für beliebig viele Variablen jeden Typs Ergebnisse ausgegeben werden.

Die Variablen werden in der WRITE-Anweisung, durch Kommata getrennt, in einer „Ausgabeliste" aneinander gereiht.

In der „Ausgabeliste" der WRITE-Anweisung können auch indizierte Variablen und Felder stehen.

Eine einzelne indizierte Variable wird in der „Ausgabeliste" durch Nennung des Variablennamens und des Index angegeben.

Die auf ein Feld bezogenen Angaben sind in der „Ausgabeliste" in Klammern zu setzen. In der Klammer steht die mit einem variablen Index versehene Variable.

Die indizierte Variable wird von der Laufvorschrift für den Index durch ein Komma getrennt.

Durch Schachtelung können auch mehrfach indizierte Felder ausgegeben werden.

Wenn alle Komponenten eines Feldes ausgegeben werden sollen, genügt es, den Feldnamen ohne jeglichen Index anzugeben.

Das jeweilige Ausgabegerät wird durch Angabe einer Gerätenummer g angesprochen.

Aussagen über die Anordnung und Form der Werte auf den Ausgabemedien werden in einer der WRITE-Anweisung zugeordneten FORMAT-Vereinbarung getroffen.

Die Anweisungsnummer „n" in der WRITE-Anweisung weist auf die der WRITE-Anweisung zugeordneten FORMAT-Vereinbarung mit der Anweisungsnummer n hin.

Die FORMAT-Vereinbarung

n **FORMAT** (Spezifikationsliste)

gibt für jede Variable der „Ausgabeliste" der WRITE-Anweisung einen Formatschlüssel an, der Aufschluß darüber gibt, in welcher Form die Daten ausgegeben werden.

Die Reihenfolge der Formatschlüssel richtet sich nach der Reihenfolge der Variablen in der „Ausgabeliste" der WRITE-Anweisung.

Die Formatschlüsseltypen der auszugebenden Daten richten sich nach deren Darstellungsform und deren Bedarf an Druckstellen.

Man unterscheidet, wie bei der Eingabeanweisung, folgende wichtige Formatschlüssel:

- I – Schlüssel der Form **I** w
- F – Schlüssel der Form **F** w.d
- E – Schlüssel der Form **E** w.d
- L – Schlüssel der Form **L** w

Die Konstanten w und d sind wie bei der Eingabeanweisung zu interpretieren, nur mit dem Unterschied, daß es sich hier um Druckstellen auf dem Ausgabeformular handelt und nicht um Stellen auf der Lochkarte.

Zu diesen Formatschlüsseln kommen hinzu

- X – Schlüssel der Form w **X**
- H – Schlüssel der Form w **H**

Mit Hilfe des Formatschlüssels X können Leerstellen (Druckstellen ohne Zeichen) innerhalb einer Druckzeile spezifiziert werden. Die Gesamtzahl der Leerstellen ist w.

Mit Hilfe des Formatschlüssels H können feste alphanumerische Texte ausgegeben werden. Die Gesamtzahl der zum Text gehörenden alphanumerischen Zeichen ist w. Leerstellen zwischen dem Text werden mitgezählt. Der auszugebende Text steht hinter dem zugehörigen H – Schlüssel.

Bei einer Datenausgabe mit einem Schnelldrucker muß am Anfang der Spezifikationsliste der FORMAT-Vereinbarung stets ein Vorschubzeichen „v" stehen.

Man unterscheidet folgende Vorschubzeichen:
- 1 H 1   Vorschub zur 1. Zeile des nächsten Blattes
- 1 H␣   Vorschub um eine Zeile
- 1 H Ø   Vorschub um zwei Zeilen
- 1 H +   kein Vorschub

Folgen am Anfang der Spezifikationsliste einer FORMAT-Vereinbarung n Schrägstriche aufeinander, so bewirkt dies einen Vorschub von n Leerzeilen am Schnelldrucker. Die folgende Druckzeile wird in bekannter Weise durch ein entsprechendes Vorschubzeichen eingeleitet.

Folgen zwischen den Formatschlüsseln der Spezifikationsliste einer FORMAT-Vereinbarung n Schrägstriche aufeinander, so bewirkt dies, daß (n – 1) Leerzeilen zwischen den Druckzeilen der spezifizierten Daten ausgegeben werden.

Folgen am Ende der Spezifikationsliste einer FORMAT-Vereinbarung n Schrägstriche aufeinander, so bewirkt dies am Schnelldrucker einen Vorschub von n Leerzeilen hinter der letzten Druckzeile.

Eine neue WRITE-Anweisung bewirkt immer einen Übergang auf eine neue Druckzeile.

Für Schreibvereinfachungen in FORMAT-Vereinbarungen können sinngemäß die gleichen Regeln wie bei der Eingabeanweisung verwendet werden.

11.5. Übungsaufgaben

Mit Hilfe der folgenden Übungsaufgaben soll das Schreiben und Lesen von FORTRAN-Ausgabeanweisungen geübt werden.

Aufgabe 11.1

Die DVA hat die folgenden Werte abgespeichert. Wie werden sie ausgedruckt, wenn ihnen der Formatschlüssel I 3 zugeordnet würde?

Nr.	Gespeicherte Werte	Ausgedruckte Werte	Erläuterungen
1	721		
2	– 721		
3	– 13		
4	567 890		
5	0		

Aufgabe 11.2

Die DVA hat die folgenden Werte abgespeichert. Wie werden sie ausgedruckt, wenn ihnen der Formatschlüssel F 5.2 zugeordnet würde?

Nr.	Gespeicherte Werte	Ausgedruckte Werte	Erläuterungen
1	13.16		
2	- 45.18		
3	- 0.5		
4	8.2649		
5	- 2.		

Aufgabe 11.3

Die DVA hat die folgenden Werte abgespeichert. Wie werden sie ausgedruckt, wenn Ihnen der Formatschlüssel E 10.3 zugeordnet würde?

Nr.	Gespeicherte Werte	Ausgedruckte Werte	Erläuterungen
1	319		
2	- .006		
3	- 21.0063		
4	276 512.6		

Aufgabe 11.4

Wie sieht der Ausdruck der Ausgabeanweisungen aus, wenn die folgenden Werte für die angegebenen Variablen von der DVA abgespeichert wurden? Zwischenräume sollen mit ␣ gekennzeichnet werden.

Nr.	Gespeicherte Werte für	Ausgabeanweisung
1	A = 123 B = 17 C = 1015	WRITE (7, 7) A, B, C 7 FORMAT (3 I 5)
2	N = 60 588	WRITE (7, 1∅) N 1∅ FORMAT (5 X, 2 H N =, I 6, 6 H BRIEFE)
3	STROM = 4.17 SPANN = 35.8	WRITE (7, 36) STROM, SPANN 36 FORMAT (5 X, F 5.2, 1 HA, 5 X, F 5.2, 1 HV)

12. Vollständig programmierte Beispiele

Die Themen der einzelnen Programmbeispiele wurden bewußt aus unterschiedlichen Bereichen der Mathematik und Naturwissenschaft gewählt, um zu zeigen, daß die mathematisch-naturwissenschaftlich orientierte Programmiersprache FORTRAN universell einsetzbar ist. Der Schwierigkeitsgrad wurde dabei von Beispiel zu Beispiel langsam gesteigert. Für Anfänger empfiehlt es sich daher, die Programme systematisch vom ersten bis zum letzten Beispiel durchzuarbeiten. Der Aufbau der Programmbeispiele wird ihm dabei helfen.

Vom Leser wird nicht erwartet, daß er die vielfältigen Problembereiche kennt und beherrscht, die in den Beispielen behandelt werden. Daher folgt auf jede Aufgabenstellung eine Problemformulierung, in der der Lösungsweg ausführlich und allgemein verständlich erarbeitet wird. Leser, die sich auf den Standpunkt stellen, daß auch ohne genaue Kenntnis der Probleme programmiert werden kann, wenn der Algorithmus bekannt ist, können diesen Abschnitt auch überschlagen. Für sie wird in einer Zusammenfassung der jeweilige Lösungsalgorithmus angegeben. Daraufhin werden die Programmablaufpläne dargestellt und kurz erläutert. Das zugehörige Programm folgt in Form eines Schnelldruckerprotokolls. Der Lösungsausdruck für beispielhaft angenommene Zahlenwerte schließt sich an. Einzelne Anweisungen des Programms werden abschließend, unter Angabe der im Programm rechts vermerkten Zeilennummern, kurz erläutert. Häufig wird dabei auch auf die zugehörigen Kapitel verwiesen.

12.1. Gravitationskraftberechnung

Aufgabenstellung

Es ist bekannt, daß Massen Anziehungskräfte aufeinander ausüben. Dies sind die sog. Gravitationskräfte. Sie existieren für große Massen, wie Planeten, Monde usw. ebenso wie für kleinere Massen auf der Erde. Es soll daher in dieser Aufgabe die Anziehungskraft zweier Tanker ermittelt werden, die in einem Abstand von 50 m aneinander vorbeifahren. Die Masse beider Tanker betrage 300 000 000 kg. Die Lösung dieser Aufgabe wird zeigen, ob bei Massen dieser Größe schon nennenswerte Kräfte zu verzeichnen sind.

Problemformulierung

Die Anziehungskräfte lassen sich mithilfe des Gravitationsgesetzes allgemeingültig für alle Massen wie folgt bestimmen:

$$F = \gamma \cdot \frac{m_1 \cdot m_2}{r^2}$$

Die beiden sich mit der Kraft F anziehenden Massen sind m_1 und m_2. Die Entfernung ihrer Schwerpunkte ist r. Die Gravitationskonstante γ hat die Größe $\gamma = 6{,}67 \cdot 10^{-11}\ \mathrm{m^3\,s^{-2}\,kg^{-1}}$. Werden die Massen in kg und der Abstand in m eingegeben, so ergibt sich die Kraft in N.

Zusammenfassung

Die Anziehungskraft zweier Massen ergibt sich aus der Beziehung

$$F = \gamma \cdot \frac{m_1 \cdot m_2}{r^2}$$

Diese allgemeine Beziehung ist zu programmieren. Die Eingabewerte sind dabei:

$\gamma = 6{,}67 \cdot 10^{-11}\ \mathrm{m^3\ s^{-2}\ kg^{-1}}$

$m_1 = m_2 = 300\,000\ \mathrm{t} = 300\,000\,000\ \mathrm{kg}$

$r = 50\ \mathrm{m}$

Programmablaufplan

Der Programmablaufplan zeigt in seiner einfachsten Form einen linearen Programmablauf. Eingabe, Berechnung und Ausgabe von Werten folgen ohne jede Verzweigung direkt aufeinander.

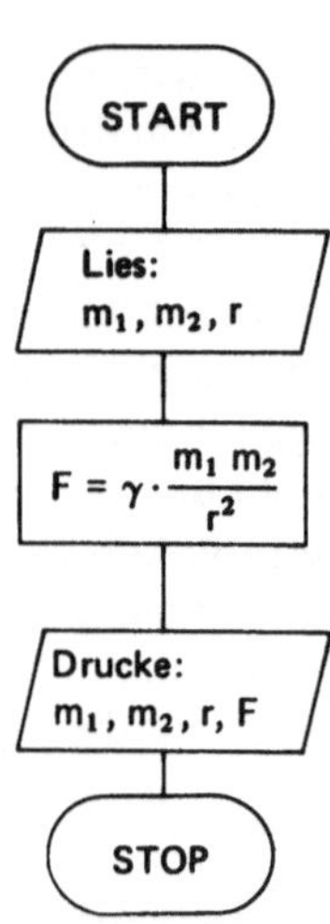

Programm

```
C       GRAVITATIONSKRAFTBERECHNUNG                                     *
C                                                                       *
        READ(10,1)M1,M2,IR                                              *
      1 FORMAT(2I10,I5)                                                 *
        GAMMA=+0.667E-10                                                *
         F=GAMMA*M1*M2/IR**2                                            *
        WRITE(7,2)                                                      *
      2 FORMAT(1H1,10X,30HDIE ANZIEHUNGSKRAEFTE SIND BEI)               *
        WRITE(7,3)M1,M2,IR                                              *
      3 FORMAT(//1H ,10X,8HMASSE 1=,I10,5X,8HMASSE 2=,I10,5X,10HABSTAND R=*
       1,I5)                                                            *
        WRITE(7,4)F                                                     *
      4 FORMAT(//1H ,10X,2HF=,E11.4,2X,1HN)                             *
        STOP                                                            *
        END                                                             *
```

Ergebnis

```
DIE ANZIEHUNGSKRAEFTE SIND BEI


MASSE 1= 300000000     MASSE 2= 300000000     ABSTAND R=   50


F= 0.2401E+04   N
```

Erläuterungen zu dem Programm

1/01:	Überschrift als Kommentar (vgl. 4.2.1)
1/02:	Um die Überschrift vom eigentlichen Programm abzuheben, kann eine Kommentarkarte ohne Kommentar eingefügt werden. Diese Lochkarte hat nur ein C in Spalte 1 (4.2.1)
1/03:	Eingabeanweisung (Kapitel 10). Der Lochkartenleser hat die Gerätenummer 10. Es sollen nur ganzzahlige Werte für die Massen m_1, m_2 und r eingegeben werden. Daher wurden als Variablennamen M1, M2 und IR (5.3.1, 5.3.2) in der Eingabeliste gewählt.
1/04:	FORMAT-Vereinbarung (10.3) Für INTEGER-Variable ist der Formatschlüssel Iw (10.3.1). Dabei wird w für die Massen 10stellig, für den Abstand 5stellig gewählt. Wegen des gleichen Formatschlüssels der Massen kann zur Schreibvereinfachung ein Wiederholungsfaktor (10.3.4) benutzt werden.
1/05:	Die Gravitationskonstante γ (GAMMA) wird nicht eingegeben. Ihr wird der zugehörige konstante Wert in Exponentialschreibweise (5.2.2) mithilfe einer arithmetischen Zuordnungsanweisung (Kapitel 7) im Programm zugeordnet.
1/06:	Arithmetische Zuordnungsanweisung (Kapitel 7). Sie gibt den zu berechnenden Formelausdruck wieder. Der benutzte Compiler kann im arithmetischen Ausdruck Variable unterschiedlichen Typs behandeln. Sonst wäre auf die Typzuordnung bei arithmetischen Ausdrücken (7.6) zu achten.
1/07:	Ausgabeanweisung (Kapitel 11). Bevor Werte ausgegeben werden, soll zunächst ein erklärender Text ausgedruckt werden. Daher entfällt hier die Variablenliste. Das Ausgabemedium (Schnelldrucker) hat die Gerätenummer 7.
1/08:	FORMAT-Vereinbarung (11.3). Durch das Vorschubzeichen 1H1 (11.3.2) erhält der Schnelldrucker einen Vorschub zur 1. Zeile des nächsten Blattes. Es wird also mit einem neuen Blatt begonnen. Damit nicht gleich am linken Rand mit dem Drucken begonnen wird, werden mithilfe des Formats 10X (11.3.3) zunächst 10 leere Druckstellen ausgegeben. Erst dann folgt der gewünschte erklärende Text „Die Anziehungskräfte sind bei". Dieser Text wurde mithilfe des Formats 30H (11.3.3) spezifiziert (siehe Ausdruck).
1/09:	Ausgabeanweisung. Bevor das Ergebnis ausgedruckt wird, empfiehlt es sich vielfach, die Eingabewerte, die zu einem Ergebnis führen, zusammen mit einem erläuternden Text auszudrucken. Aus diesem Grunde enthält die Ausgabeliste die drei Eingabevariablen M1, M2 und IR.
1/10:	FORMAT-Vereinbarung. Die zwei Schrägstriche am Anfang der Spezifikationsliste bewirken einen Vorschub von zwei Leerzeilen (11.3.2). Das Vorschubzeichen 1 H ␣ bewirkt noch einen Vorschub um eine Zeile (11.3.2). Dieses ist die Druckzeile. Auch hier werden zunächst 10 leere Druckstellen mithilfe des Formats 10X ausgegeben. Es folgt eine Textausgabe „Masse 1 = ", die mit Hilfe des Formats 8H spezifiziert wurde. Der folgende Formatschlüssel I10 reserviert für die Variable M1 zehn Druckstellen (11.3.1). Um die nächste Ausgabe in der gleichen Druckzeile sichtbar von den vorangegangenen Druckstellen abzuheben, werden 5 leere Druckstellen mithilfe des Formats 5X ausgegeben. Es folgt der Text „Masse 2 =" mit der Spezifikation 8H. Der folgende Formatschlüssel I10 reserviert für die Variable M2 zehn Druckstellen. Vor der Ausgabe des Textes „Abstand R =" mit der Spezifikation 10 H werden 5 leere Druckstellen ausgegeben.

1/11:	Die vorangegangene FORMAT-Vereinbarung ist noch nicht abgeschlossen. Da die Lochkarte schon bis einschließlich Spalte 72 mit Zeichen gefüllt wurde, muß die FORMAT-Vereinbarung auf einer anderen Lochkarte fortgesetzt werden. In Spalte 6 ist daher ein FORTRAN-Zeichen außer Ø bzw. „blank" einzutragen (4.2.3). Hier wurde für die 1. Fortsetzungskarte die Ziffer 1 gewählt. Das folgende Komma schließt die vorangegangene Spezifikation des Textes ab. Der Formatschlüssel I5 reserviert schließlich für die Variable IR 5 Druckstellen.
1/12:	Ausgabeanweisung. Diese Ausgabeanweisung dient zur Ausgabe des Ergebnisses. Die Variablenliste besteht nur aus der einzigen Ausgabevariablen F.
1/13:	FORMAT-Vereinbarung. Der Anfang der Spezifikationsliste ist mit der vorangegangenen Spezifikationsliste identisch. Nach zwei Leerzeilen werden in der dritten Druckzeile 10 leere Druckstellen ausgegeben. Dann folgt der Text „F =". Der Formatschlüssel E11.4 reserviert für die Ausgabevariable F elf Druckstellen für eine Ausgabe in Exponentialdarstellung (11.3.1, 10.3.1). Darauf folgt als Text die Einheit „N".
1/14:	STOP gibt das Programmende für den Rechenlauf an.
1/15:	END gibt das Programmende für den Übersetzungslauf an.

12.2. Phasenwinkelberechnung

Aufgabenstellung

Es soll die Phasenverschiebung zwischen Strom und Spannung bei einer Spule, deren Induktivität und Verlustwiderstand unbekannt ist, ermittelt werden. Zu diesem Zweck wurde folgende Meßschaltung aufgebaut:

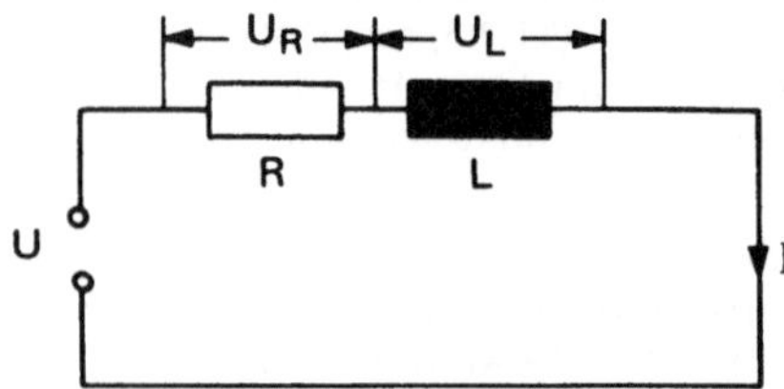

Die Spule L wird über einen Vorwiderstand R an eine Wechselspannung U angeschlossen. Die Spannung U und die Spannungsabfälle U_R und U_L werden mit Hilfe eines Voltmeters gemessen. Aus diesen Meßwerten soll die Phasenverschiebung zwischen dem Strom I und der Spannung U_L errechnet werden.

Die Meßwerte seien: $U = 13{,}5$ V; $U_R = 10{,}7$ V; $U_L = 6{,}3$ V.

Problemformulierung

Die Meßwerte zeigen, daß die Summe der Spannungsabfälle U_R und U_L größer als die Speisespannung U ist. Dies liegt an der Phasenverschiebung zwischen Strom und Spannung bei einer Spule. Man kann aus den obigen Meßwerten ein Spannungsdiagramm konstruieren, welches im Prinzip folgendermaßen aussieht:

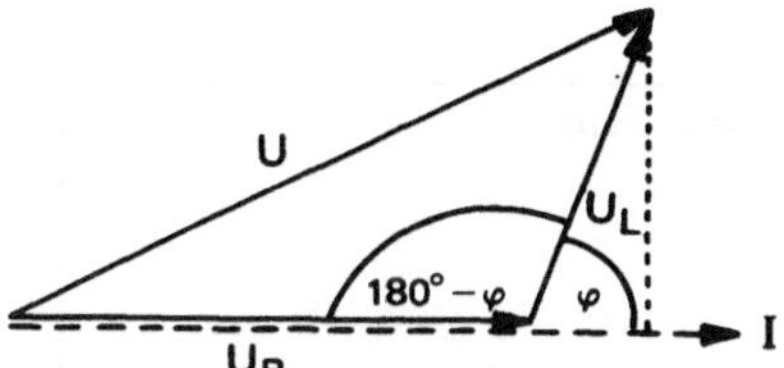

Wie man sieht, handelt es sich um keine normale Addition der Spannungsabfälle, sondern um eine sog. Vektoraddition. Ein reiner Widerstand bewirkt keine Phasenverschiebung zwischen Strom und Spannung. Somit zeigt der Spannungsvektor U_R gleichzeitig die Phasenlage des Stromes an. Dies wurde in der Zeichnung durch den gestrichelten Vektor I angedeutet. Der Spannungsvektor U_L der Spule und der Stromvektor I schließen einen Winkel φ ein. Dieser Winkel gibt die sog. Phasenverschiebung zwischen Strom und Spannung bei einer Spule an. Der Phasenwinkel soll aus den gegebenen Meßwerten berechnet werden.

Mit Hilfe des Kosinus-Satzes läßt sich aus dem Spannungsdreieck mit den bekannten Werten der stumpfe Winkel (180° − φ) ermitteln. Daraus läßt sich leicht auf den Phasenwinkel φ schließen.

Der Kosinussatz für das Spannungsdreieck lautet:

$$U^2 = U_R^2 + U_L^2 - 2\,U_R\,U_L \cos(180° - \varphi)$$

Diese Gleichung muß nach den Winkel aufgelöst werden.

$$\cos(180° - \varphi) = \frac{U_R^2 + U_L^2 - U^2}{2\,U_R\,U_L}$$

Aus der Trigonometrie ist bekannt, daß

$$\cos(180° - \varphi) = -\cos\varphi$$

somit ist

$$\cos\varphi = -\frac{U_R^2 + U_L^2 - U^2}{2\,U_R\,U_L} = \frac{U^2 - U_R^2 - U_L^2}{2\,U_R\,U_L}$$

Der Winkel φ ergibt sich aus der inversen trigonometrischen Funktion

$$\varphi = \arccos\left(\frac{U^2 - U_R^2 - U_L^2}{2\,U_R\,U_L}\right)$$

Eine Standardfunktion für den Arcuscosinus ist nicht vorhanden. Als einzige inverse trigonometrische Funktion ist der Arcustanges als Standardfunktion vorhanden. Der Arcuscosinus läßt sich folgendermaßen durch den Arcustangens ersetzen:

$$\varphi = \text{arc tg}\,\frac{\sqrt{1 - \left(\frac{U^2 - U_R^2 - U_L^2}{2\,U_R\,U_L}\right)^2}}{\frac{U^2 - U_R^2 - U_L^2}{2\,U_R\,U_L}}$$

Zusammenfassung

Der Phasenwinkel φ einer Spule ergibt sich allgemein aus der Beziehung

$$\varphi = \text{arc tg} \frac{\sqrt{1 - \left(\frac{U^2 - U_R^2 - U_L^2}{2\,U_R\,U_L}\right)^2}}{\frac{U^2 - U_R^2 - U_L^2}{2\,U_R\,U_L}}$$

Diese Beziehung ist zu programmieren. Die einzugebenden Werte sind in diesem Fall:

$U = 13{,}5$ V, $U_R = 10{,}7$ V, $U_L = 6{,}3$ V

Programmablaufplan

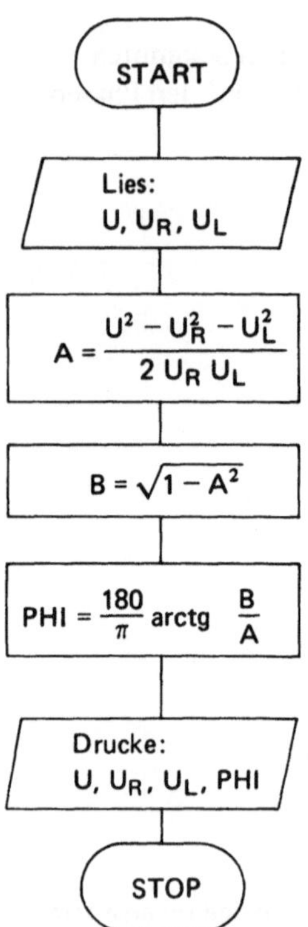

Der Programmablaufplan zeigt wie Beispiel 1 einen linearen Programmablauf. Die beiden Beispiele unterscheiden sich im Prinzip nur durch den zu programmierenden Formelausdruck, der hier etwas schwieriger und umfangreicher als im ersten Beispiel ist. Umfangreiche Formelausdrücke werden gern in einfachere Bestandteile zerlegt, wie es der Programmablaufplan beispielhaft zeigt.

Programm

```
                                                                *
C     PHASENWINKELBERECHNUNG                                    *   2/01
C                                                               *
      READ(10,1)U,UR,UL                                         *   2/02
    1 FORMAT(3F5.1)                                             *   2/03
      A=(U**2-UR**2-UL**2)/2./UR/UL                             *   2/04
      B=SQRT(1.-A**2)                                           *   2/05
      PHI=ATAN(B/A)*180./3.14                                   *   2/06
      WRITE(7,2)                                                *   2/07
    2 FORMAT(1H1,10X,26HDER PHASENWINKEL IST FUER )             *   2/08
      WRITE(7,3)U,UR,UL                                         *   2/09
    3 FORMAT(//1H ,10X,2HU=,F5.1,5X,3HUR=,F5.1,5X,3HUL=,F5.1)   *   2/10
      WRITE(7,4)PHI                                             *   2/11
    4 FORMAT(//1H ,10X,4HPHI=,F5.1,2X,4HGRAD)                   *   2/12
      STOP                                                      *   2/13
      END                                                       *   2/14
$$$$                                                            *
```

Ergebnis

```
DER PHASENWINKEL IST FUER

U= 13.5      UR= 10.7      UL=  6.3

PHI= 78.0  GRAD
```

Erläuterungen zum Programm

2/02:	Eingabeanweisung (Kapitel 10). Als Eingabevariable in der Eingabeliste wurden die REAL-Variablen U, UR und UL gewählt, die den Variablen U, U_R und U_L in der Aufgabe entsprechen.
2/03:	FORMAT-Vereinbarung (10.3). Für die drei REAL-Variablen wurde der gleiche Formatschlüssel F5.1 gewählt (10.3.1). Die Daten sind entsprechend auf den Datenkarten anzuordnen (10.3.2). Der Wiederholungsfaktor (10.3.4.1) trägt zur Schreibvereinfachung in der FORMAT-Vereinbarung bei.
2/04:	Der komplizierte Formelausdruck der Aufgabe wurde in zweckmäßige Teile gegliedert, wie es der Programmablaufplan zeigt. Ein Teil des Radikanden im Zähler des Bruches entspricht dem Ausdruck im Nenner des Bruches. Es genügt, den Ausdruck nur einmal zu berechnen und anschließend mit dem Ergebnis weiterzurechnen. Dazu wurde die Hilfsvariable A eingeführt.
2/05:	Die Berechnung des Zählers führt zur Hilfsvariablen B. Das Argument der Standardfunktion SQRT (5.5) stellt einen arithmetischen Ausdruck dar.
2/06:	Die Ergebnisvariable des gesamten Formelausdruckes erhielt den Variablennamen PHI. Diese REAL-Variable ergibt sich aus der Standardfunktion ATAN (5.5) mit dem angegebenen arithmetischen Ausdruck im Argument. Da das Ergebnis im Bogenmaß ausgegeben würde, das Gradmaß jedoch gewünscht ist, muß das Bogenmaß mit dem Faktor $(\frac{180}{\pi})$ multipliziert werden (Umkehrung der Gleichung in 5.5).
2/07:	Ausgabeanweisung für einen erklärenden Text. Die Variablenliste entfällt.
2/08:	Die FORMAT-Vereinbarung sorgt dafür, daß in der 1. Zeile einer neuen Seite 10 Druckstellen links vom Rand der Text „Der Phasenwinkel ist für" ausgegeben wird (siehe auch Beispiel 12.1).

2/09:	**Ausgabeanweisung für die Eingabedaten. Die Ausgabeliste entspricht der Eingabeliste.**
2/10:	**Die FORMAT-Vereinbarung sorgt dafür, daß die Eingabewerte nach zwei Leerzeilen 10 Druckstellen links vom Rand zusammen mit einem erklärenden Text ausgegeben werden (siehe auch Beispiel 12.1).**
2/11:	**Ausgabeanweisung für das Ergebnis. Die Ausgabeliste enthält die Ergebnisvariable PHI.**
2/12:	**Die FORMAT-Vereinbarung sorgt für den gezeigten Ergebnisausdruck.**

12.3. Wechselkursberechnung

Aufgabenstellung

Die Wechselkursberechnung einer Bank soll auf Datenverarbeitung umgestellt werden. Dazu ist ein Programm zu schreiben. Zur schnellen Abwicklung am Schalter wird jedem Wechselkurs eine Kennummer zugeordnet. Mit Hilfe einer am Schalter vorhandenen Tastatur wird die Kennummer und der ausländische Währungsbetrag eingegeben. Auf einem Bildschirm soll der zugehörige deutsche Währungsbetrag angezeigt werden.

Es soll ein Programm erstellt werden, das die Möglichkeit bietet, folgende 6 fremde Währungen in die deutsche Währung umzurechnen.

Kenn-Nr.	Währung	DM-Kurs
1	1 Am. Dollar	2,667
2	1 Engl. Pfund	5,457
3	1 Schw. Franken	0,978
4	1 Franz. Franken	0,5838
5	1 Öst. Schilling	0,1416
6	1 Holl. Gulden	0,9743

Die angegebenen DM-Kurse hatten am 29.6.1975 Gültigkeit. Sie sind vor Geschäftsbeginn jeweils den neuen Gegebenheiten anzupassen.

Problemformulierung

In diesem Beispiel wird von einer Lochkarteneingabe und einer Schnelldruckerausgabe ausgegangen, da sich die für eine Bank als praktisch erweisenden Ein- und Ausgabemedien zur Dokumentation in einem Buch nicht eignen. Dies ändert jedoch nichts am prinzipiellen Programmablauf. Kennummer und ausländischer Währungsbetrag werden mit einer Lochkarte eingegeben. Der fremde Währungsbetrag und der zugehörige deutsche Währungsbetrag werden von einem Schnelldrucker ausgedruckt.

Zusammenfassung

Beliebige Beträge der oben angegebenen ausländischen Währungen sollen zu den jeweiligen Tageskursen in die deutsche Währung umgerechnet werden.

Programmablaufplan

Bevor der Programmablaufplan gezeichnet wird, ist es empfehlenswert, sich Gedanken über sinnvolle Abkürzungen für längere Begriffe zu machen, die später im Programmablaufplan verwendet werden sollen. Dies erspart viel Schreibarbeit. Die Abkürzungen sollten dabei so gewählt werden, daß sie im Programm auch als Variablennamen dienen können. Für dieses Beispiel wurden folgende Abkürzungen gewählt:

KNR	für „Kennummer" der Währung
KURSn	für den Kurswert der ausländischen Währungseinheit mit der Kennummer n in DM
AWB	für den ausländischen Währungsbetrag
DWB	für den deutschen Währungsbetrag

Zum Programmablaufplan selbst ist zu sagen, daß nur die Kennummer der ausländischen Währung und dessen Währungsbetrag eingegeben werden. Die Kurswerte der ausländischen Währungseinheiten hingegen liegen für den jeweiligen Geschäftstag fest. Je nach Kennummer der ausländischen Währung wird zur Berechnung des deutschen Währungsbetrages der weiterführende Programmzweig mithilfe eines Verteilers ausgesucht. Das gezeigte Sinnbild für den Verteiler, ein Zeiger, ist nicht genormt (3.2.1). Da ein entsprechendes genormtes Sinnbild fehlt, wurde das verwendete Sinnbild wegen der leichten Verständlichkeit gewählt.

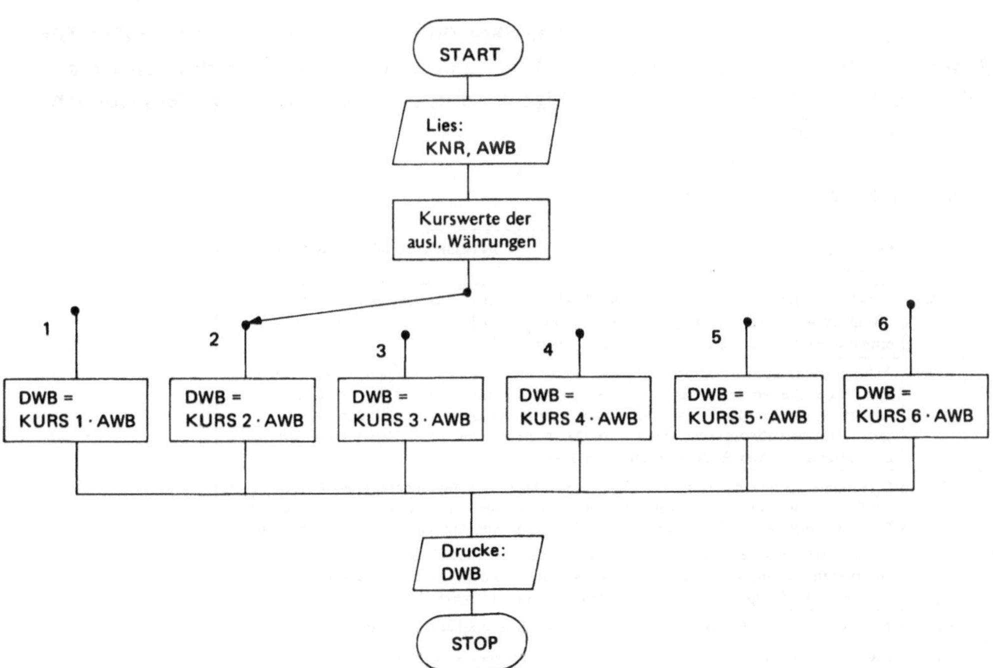

Programm

```
                                                                 *
C      WECHSELKURSBERECHNUNG                                     *    3/01
C                                                                *    3/02
       READ(10,7)KNR,AWB                                         *    3/03
     7 FORMAT(I2,F10.2)                                          *    3/04
       AKURS1=2.6670                                             *    3/05
       AKURS2=5.4570                                             *    3/06
       AKURS3=0.9779                                             *    3/07
       AKURS4=0.5838                                             *    3/08
       AKURS5=0.1416                                             *    3/09
       AKURS6=0.9743                                             *    3/10
       GOTO(1,2,3,4,5,6),KNR                                     *    3/11
     1 DWB=AKURS1*AWB                                            *    3/12
       GOTO8                                                     *    3/13
     2 DWB=AKURS2*AWB                                            *    3/14
       GOTO8                                                     *    3/15
     3 DWB=AKURS3*AWB                                            *    3/16
       GOTO8                                                     *    3/17
     4 DWB=AKURS4*AWB                                            *    3/18
       GOTO8                                                     *    3/19
     5 DWB=AKURS5*AWB                                            *    3/20
       GOTO8                                                     *    3/21
     6 DWB=AKURS6*AWB                                            *    3/22
     8 WRITE(7,9)DWB                                             *    3/23
     9 FORMAT(1H1,10X,33HDER DEUTSCHE WAEHRU GSBETRAG IST ,F11.2,4H  DM) *    3/24
       STOP                                                      *    3/25
       END                                                       *    3/26
$$$$                                                             *
```

Ergebnis

```
DER DEUTSCHE WAEHRUNGSBETRAG IST 54569980.00  DM
```

Bei der Bank sollten in diesem Beispiel 9999 999, 99 engl. Pfund gewechselt werden. Die Bankangestellte hatte als Kennummer KNR = 2 und als ausländischen Währungsbetrag AWB = 9999 999, 99 einzugeben. Der obige Ausdruck gibt an, wieviel DM dem Kunden auszuhändigen sind.

Erläuterungen zum Programm

3/03:	Eingabeanweisung. Die Eingabeliste besteht aus der INTEGER-Variablen KNR und der REAL-Variablen AWB.
3/04:	FORMAT-Vereinbarung. Der Variablen KNR wird der Formatschlüssel I2, der Variablen AWB der Formatschlüssel F10.2 zugeordnet (10.3.1). Die Daten sind entsprechend auf den Datenkarten anzuordnen (10.3.4).
3/05 bis 3/10:	Arithmetische Zuordnungsanweisungen. Sie weisen den verschiedenen ausländischen Währungseinheiten den deutschen Kurswert zu. Die Zahl am Ende der Variablen AKURS entspricht der Kennummer der Währung. AKURS1 gibt z. B. den deutschen Kurswert für einen am. Dollar an. Das A am Anfang dieser Variablen macht die Variable zu einer REAL Variablen (5.3.2).
3/11	Berechnete Sprunganweisung (9.1.2). Je nach der Größe des eingegebenen Wertes KNR wird zur Anweisung mit der Anweisungsnummer 1, 2, 3, 4, 5 oder 6 gesprungen. Diese Anweisungen (3/12, 3/14, 3/16, 3/18, 3/20 und 3/22) sind identisch aufgebaut. In ihnen wird der deutsche Währungsbetrag errechnet. Auf diese Berechnungen folgt ein direkter Sprungbefehl (9.1.1) zur Anweisung mit der Anweisungsnummer 8. Dort wird das Programm für alle Zweige gemeinsam fortgesetzt.
3/23:	Ausgabeanweisung für das Ergebnis. Sie ist das Sprungziel aller Zweige.
3/24:	Die FORMAT-Vereinbarung sorgt dafür, daß das Ergebnis der Variablen DWB auf einer neuen Seite 10 Druckstellen links vom Rand zusammen mit einem erklärenden Text ausgegeben wird.

12.4. Berechnung von quadratischen Gleichungen

Aufgabenstellung

In vielen Bereichen der Naturwissenschaft und Technik müssen quadratische Gleichungen gelöst werden. Sie lassen sich alle auf die Form

$$ax^2 + bx + c = \emptyset$$

bringen. Es soll ein Programm geschrieben werden, das die Lösungen der quadratischen Gleichung für alle möglichen Werte von a, b und c ausgibt.

Problemformulierung

Die Wurzeln der quadratischen Gleichung ergeben sich nach dem Wurzelsatz von Vieta zu

$$x_{1/2} = -\frac{1}{2} \cdot \frac{b}{a} \pm \sqrt{\frac{1}{4}\frac{b^2}{a^2} - \frac{c}{a}}$$

Dabei kann man drei Fälle unterscheiden:

1. Fall: Der Radikand unter der Wurzel ist positiv. Dann gibt es zwei reelle Lösungen

$$x_1 = -\frac{1}{2} \cdot \frac{b}{a} + \sqrt{\frac{1}{4}\frac{b^2}{a^2} - \frac{c}{a}}$$

$$x_2 = -\frac{1}{2} \cdot \frac{b}{a} - \sqrt{\frac{1}{4}\frac{b^2}{a^2} - \frac{c}{a}}$$

2. Fall: Der Radikand unter der Wurzel ist Null. Dann gibt es nur eine reelle Lösung

$$x = -\frac{1}{2} \cdot \frac{b}{a}$$

3. Fall: Der Radikand unter der Wurzel ist negativ. Dann gibt es zwei konjugiert komplexe Lösungen

$$x_1 = -\frac{1}{2} \cdot \frac{b}{a} + i\sqrt{\frac{c}{a} - \frac{1}{4}\frac{b^2}{a^2}}$$

$$x_2 = -\frac{1}{2} \cdot \frac{b}{a} - i\sqrt{\frac{c}{a} - \frac{1}{4}\frac{b^2}{a^2}}$$

Dabei ist $i = \sqrt{-1}$ die imaginäre Einheit.

Zusammenfassung

Die oben angegebenen drei Fälle der Wurzeln einer quadratischen Gleicung sind zu programmieren.

Programmablaufplan

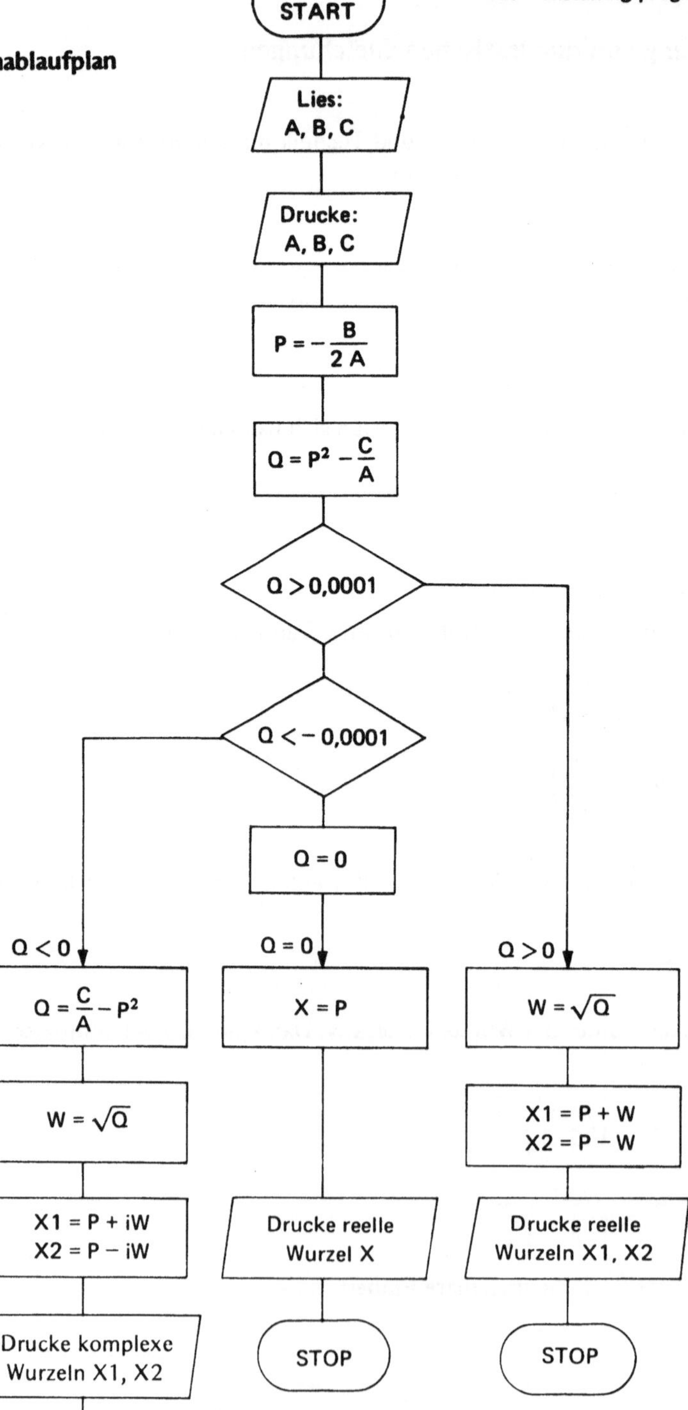

Zunächst werden die variablen Faktoren A, B und C der quadratischen Gleichung eingelesen. Bei verzweigten Programmen empfiehlt es sich, Ausgaben, die für alle Zweige gleichermaßen gelten, schon vor der Verzweigung auszudrucken. So kann die Ausgabe in jedem einzelnen Zweig eingespart werden. In den meisten Fällen wird es sich, wie hier im Beispiel, um die Ausgabe der Eingabewerte handeln. Daraufhin werden die Hilfsvariablen P und Q berechnet. In Abhängigkeit vom Wert Q findet man bekanntlich 3 verschiedene Lösungstypen. Ist $Q < 0$, so erhält man zwei komplexe Lösungen. Ist $Q > 0$, so findet man zwei reelle Lösungen. Ist $Q = 0$, so gibt es nur eine reelle Lösung. Bei der Abfrage, ob eine Variable den Wert Null hat, ist jedoch immer größte Vorsicht geboten, insbesondere, wenn sich dieser Wert aus vorangegangenen Rechnungen ergibt. Vielfach wird durch Näherungen, Rundungen usw. keine echte Null errechnet, sondern nur eine Zahl sehr nahe Null. Aus diesem Grunde wird in diesem Beispiel gezeigt, wie man sich in solchen Fällen helfen kann.

Mithilfe der beiden Verzweigungen wird in diesem Beispiel Q Null gesetzt, wenn der Wert von Q in den Schranken von − 0,0001 und + 0,0001 liegt. Jenachdem, ob Q größer, kleiner oder gleich Null ist, wird anschließend der zugehörige Lösungsweg im zugeordneten Zweig weiterverfolgt. Das Ergebnis wird ausgedruckt.

Programm

```
                                                                          *
C     WURZELN DER QUADRATISCHEN GLEICHUNG A*X**2+B*X+C=0                  *   4/01
C                                                                         *   4/02
      READ(10,1)A,B,C                                                     *   4/03
    1 FORMAT(3F16.5)                                                      *   4/04
      WRITE(7,5)                                                          *   4/05
    5 FORMAT(1H1,10X,45HDIE QUADRATISCHE GLEICHUNG HAT FUER DIE WERTE)    *   4/06
      WRITE(7,6) A,B,C                                                    *   4/07
    6 FORMAT(1H ,10X,2HA=,E13.6,5X,2HB=,E13.6,5X,2HC=,E13.6)              *   4/08
      P=-B/2./A                                                           *   4/09
      Q=P**2-C/A                                                          *   4/10
C                                                                         *   4/11
      IF(Q.GT.0.0001)GOTO7                                                *
      IF(Q.LT.-0.0001)GOTO7                                               *
      Q=0.                                                                *
C                                                                         *
    7 IF(Q)10,15,20                                                       *   4/12
   10 Q=C/A-P**2                                                          *   4/13
      W=SQRT(Q)                                                           *   4/14
      WRITE(7,2)P,W,P,W                                                   *   4/15
    2 FORMAT(1H ,10X,3HX1=,E13.6,4H +I ,E12.6/11X,3HX2=,E13.6,4H -I ,     *   4/16
     1E12.6)                                                              *   4/17
      STOP                                                                *   4/18
C                                                                         *   4/19
   15 WRITE(7,3)P                                                         *   4/20
    3 FORMAT(1H ,10X,2HX=,E13.6)                                          *   4/21
      STOP                                                                *   4/22
C                                                                         *   4/23
   20 W=SQRT(Q)                                                           *   4/24
      X1=P+W                                                              *   4/25
      X2=P-W                                                              *   4/26
      WRITE(7,4)X1,X2                                                     *   4/27
    4 FORM T(1H ,10X,3HX1=,E13.6/11X,3HX2=,E13.6)                         *   4/28
      STOP                                                                *   4/29
      END                                                                 *   4/30
$$$$                                                                      *
```

Ergebnis

```
DIE QUADRATISCHE GLEICHUNG HAT FUER DIE WERTE
A= 0.100000E+01      B= 0.600000E+01      C= 0.900000E+01
X=-0.300000E+01


DIE QUADRATISCHE GLEICHUNG HAT FUER DIE WERTE
A= 0.100000E+01      B= 0.700000E+01      C= 0.900000E+01
X1=-0.169722E+01
X2=-0.530278E+01


DIE QUADRATISCHE GLEICHUNG HAT FUER DIE WERTE
A= 0.100000E+01      B= 0.500000E+01      C= 0.900000E+01
X1=-0.250000E+01 +I  0.165831E+01
X2=-0.250000E+01 -I  0.165831E+01
```

Erläuterungen zum Programm

Zwischen den Zeilen 4/11 und 4/12 stehen, durch Absätze hervorgehoben, drei Anweisungen, die dazu dienen, Q Null zu setzen, wenn Q im Bereich zwischen – 0,0001 und + 0,0001 liegt. Wenn dies nicht der Fall ist, bleibt der ursprünglich errechnete Wert von Q erhalten. Die dazu notwendigen logischen Entscheidungen werden mithilfe von zwei Booleschen Wennanweisungen (9.2.2) getroffen.

4/12:	Als Verteiler wurde in diesem Beispiel die arithmetische Wennanweisung (9.2.1) gewählt. Ist der Wert der Variablen Q negativ, so wird das Programm mit der Anweisung der Anweisungsnummer 10 fortgesetzt. Ist der Wert von Q Null, so wird das Programm mit der Anweisung der Anweisungsnummer 15 fortgesetzt. Ist der Wert von Q positiv, wird das Programm mit der Anweisung der Anweisungsnummer 20 fortgesetzt.
4/13:	Wie aus der Aufgabenstellung ersichtlich ist, muß der Ausdruck Q im Falle einer komplexen Wurzel anders berechnet werden. Dazu dient diese Anweisung.
4/15:	Ausgabe der komplexen Wurzeln. Die beiden Variablen P und W erscheinen gleich zweimal in der Ausgabeliste. Dies liegt an dem hier gewählten Verfahren zur Berechnung der komplexen Wurzeln. Realteil und Imaginärteil werden getrennt berechnet und erst in der Ausgabe zu einem gemeinsamen Ausdruck zusammengefügt. Für beide Wurzeln muß der Real- und der Imaginärteil individuell ausgegeben werden.
4/16 und 4/17:	Diese FORMAT-Vereinbarung sorgt für die richtige Form der Ausgabe der komplexen Wurzeln. Auf einer neuen Zeile (Vorschubsteuerung 1H ␣) 10 Druckstellen links vom Rand (Formatschlüssel 10X) wird der Text „X1 = " gedruckt. Darauf soll der Real- und Imaginärteil der ersten komplexen Wurzel folgen. Der Wert der ersten Variablen P der Ausgabeanweisung gibt den Realteil an. Für ihn werden 13 Druckstellen im Format E 13.6 belegt. Anschließend wird zur Kennzeichnung des folgenden Imaginärteils der Text „+ I" gedruckt. Stellvertretend für den Wert des folgenden Imaginärteils steht die erste Variable Q der Ausgabeanweisung. Für ihn werden ebenfalls 13 Druckstellen im Format E 13.6 belegt. Der folgende Schrägstrich bewirkt einen Übergang zur nächsten Zeile (11.3.2). Hier wird in ähnlicher Form die zweite komplexe Wurzel ausgegeben.

12.5. Berechnung der Zuchtzeit von Bazillen

Aufgabenstellung

Ein Forscher züchtet auf einem Nährboden Bazillen, die sich durch Spaltung alle Stunden teilen. Der Spaltungsfaktor git die Zahl der Bazillen an, die durch Spaltung aus einer Bazille entstehen. Er sei in diesem Falle 5. Wann hat er die für einen Versuch benötigte Anzahl von mindestens 50 Millionen Bazillen gezüchtet, wenn er am Anfang 5 Bazillen auf den Nährboden bringt?

Problemformulierung

Mathematisch Interessierte werden erkennen, daß hier indirekt nach der Zahl der Glieder einer geometrischen Reihe gefragt ist, bis eines der Glieder einen bestimmten Wert überschreitet. Diese Aufgabe läßt sich jedoch auch ohne Kenntnis des mathematischen Hintergrundes mit Hilfe eines vergleichsweise einfachen Programms lösen. Diesen Weg zeigt der folgende Programmablaufplan. Auf eine Zusammenfassung wird wegen der einfachen Aufgabenstellung verzichtet.

Programmablaufplan

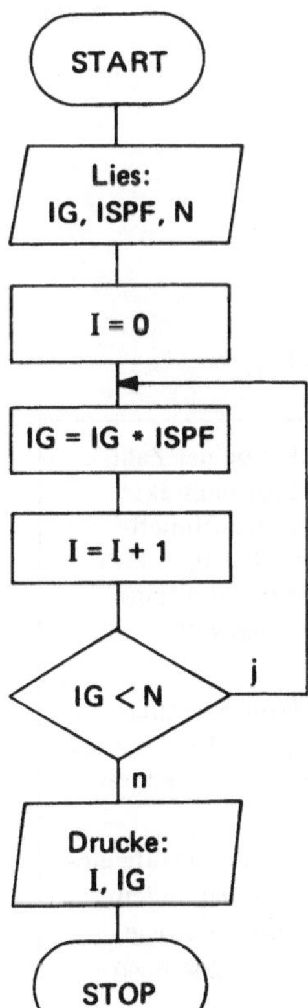

Zu Beginn des Programmes müssen die Werte eingegeben werden, mit denen gerechnet werden soll. Es handelt sich hier um die Anzahl der Bazillen der 1. Generation (Abk.: IG), ihrem Spaltungsfaktor (Abk.: ISPF) und der gewünschten Mindestgrenze der Bazillen (Abk.: N). Der Stundenzähler für die Zuchtzeit sei I. Er wird am Anfang Null gesetzt (I = 0).

Nach der 1. Spaltung ergibt sich die Anzahl der Bazillen der 2. Generation durch Multiplikation der Anzahl der Bazillen der 1. Generation mit ihrem Spaltungsfaktor (IG = IG * ISPF). Daraufhin kann der Stundenzähler um eine Stunde erhöht werden (I = I + 1). Wenn die Zahl der Bazillen kleiner als die gewünschte Zahl der Bazillen ist, muß eine weitere Spaltung abgewartet werden. Dies geschieht nach dem gleichen Algorithmus wie vorher. Durch seine Wiederverwendung kommt man zu der im Programmablaufplan ersichtlichen Schleife (9.3). Diese Schleife wird solange durchlaufen, bis die Zahl der gezüchteten Bazillen größer oder gleich der Zahl der gewünschten Bazillen ist. Dann wird die Züchtung abgebrochen. Die Zahl der gezüchteten Bazillen und die Zuchtzeit wird ausgegeben.

Programm

```
                                                                     *
C        ZUCHTZEITEN VON BAZILLEN                                    *        5/01
C                                                                    *        5/02
         READ(10,1)IG,ISPF,N                                         *        5/03
      1  FORMAT(2I5,I10)                                             *        5/04
         I=0                                                         *        5/05
      2  IG=IG*ISPF                                                  *        5/06
         I=I+1                                                       *        5/07
         IF(IG.LT.N)GOTO2                                            *        5/08
         WRITE(7,3)I,IG                                              *        5/09
      3  FORMAT(1H1,10X,5HNACH ,I3,10H STD. SIND,I10,16H BAZ. GEZUECHTET)  *  5/10
         STOP                                                        *        5/11
         END                                                         *        5/12
$$$$                                                                 *
```

Ergebnis

```
NACH  11 STD. SIND 244140625 BAZ. GEZUECHTET
```

Erläuterungen zum Programm

Die Anweisungen 5/06 bis 5/08 bilden den eigentlichen Schleifenbereich.

5/06:	Die Zahl der Bazillen neuer Generationen ergibt sich durch Multiplikation der Zahl der Bazillen der vorangegangenen Generation mit dem zugehörigen Spaltungsfaktor. Im 1. Durchlauf der Schleife muß der Anfangswert der Variablen IG im arithmetischen Ausdruck IG * ISPF der arithmetischen Zuordnungsanweisung IG = IG * ISPF (7.2) bekannt sein, da sonst der arithmetische Ausdruck nicht berechnet und folglich der Ergebnisvariablen nicht zugeordnet werden kann. Dieser Anfangswert wird in diesem Falle mithilfe einer Eingabeanweisung eingelesen.
5/07:	Die arithmetische Zuordnungsanweisung des Stundenzählers ist im Prinzip ähnlich aufgebaut, wie die vorangegangene arithmetischen Zuordnungsanweisung. Der Anfangswert von I wird hier jedoch nicht eingelesen, sondern mithilfe einer weiteren arithmetischen Zuordnungsanweisung vorher (Zeile 5/05) festgelegt.
5/08:	Die Boolesche Wennanweisung (9.2.2) wird zur Beendung der Schleifendurchläufe eingefügt. Wenn IG kleiner als N ist, wird die Schleife noch einmal durchlaufen, indem das Programm zur Anweisung mit der Anweisungnummer 2 (Zeile 5/06) verzweigt. Ist IG jedoch größer oder gleich N, wird zum nächstfolgenden Befehl übergegangen. In diesem Falle handelt es sich um die Ausgabeanweisung.

12.6. Raketenzuverlässigkeit

Aufgabenstellung

Die erste Stufe einer Rakete besteht aus 8 Raketenmotoren. Jeder dieser 8 Motoren besitzt eine Wahrscheinlichkeit von z. B. 0,94999980 dafür, daß er bei einem Raketenstart nicht versagt. Im Falle eines Motorversagens wird die Funktionstüchtigkeit der anderen Motoren nicht beeinträchtigt. Wie groß ist die Wahrscheinlichkeit für einen erfolgreichen Raketenstart, wenn mindestens 6 von 8 Motoren funktionieren müssen?

Problemformulierung

Die Wahrscheinlichkeit, daß ein Motor zuverlässig arbeitet, ist p_M. Die Wahrscheinlichkeit, daß ein Motor versagt, ist demnach $q_M = 1 - p_M$. Für den erfolgreichen Start müssen *mindestens* 6 Motoren funktionieren, d. h. es dürfen *höchstens* zwei Motoren versagen. Die Wahrscheinlichkeit für einen erfolgreichen Raketenstart setzt sich daher aus den Wahrscheinlichkeiten zusammen, daß

- *entweder genau* 6 Motoren funktionieren *und genau* zwei Motoren defekt sind,
- *oder genau* 7 Motoren funktionieren *und genau* 1 Motor defekt ist,
- *oder genau* 8 Motoren funktionieren *und genau* 0 Motoren defekt sind.

Da es für den Start gleichgültig ist, welcher der Motoren ausfällt bzw. intakt bleibt, sind alle Kombinationen intakter Motoren für einen erfolgreichen Start günstige Fälle für die gesuchte Wahrscheinlichkeit. Die Zahl der jeweils möglichen Kombinationen ist daher mit der Wahrscheinlichkeit der drei oben genannten Fälle zu multiplizieren. Die Zahl der Kombinationen ergibt sich allgemein für n Motoren, von denen i intakt bleiben müssen, zu

$$\binom{n}{i} = \frac{n!}{i!\,(n-i)!}$$

Dabei versteht man z. B. unter n! das Produkt aus $1 \cdot 2 \cdot 3 \cdots n$.
Die Wahrscheinlichkeit, daß genau 6 von 8 Motoren funktionieren, ist somit

$$p_6 = \binom{8}{6} p_M^6 \cdot q_M^2,$$

daß genau 7 von 8 Motoren funktionieren, ist

$$p_7 = \binom{8}{7} p_M^7 \cdot q_M^1$$

und daß genau 8 von 8 Motoren funktionieren, ist

$$p_8 = \binom{8}{8} p_M^8 \cdot q_M^0 .$$

Nach den Regeln der Wahrscheinlichkeit ergibt sich aus diesen Einzelwahrscheinlichkeiten folgende Startwahrscheinlichkeit

$$p_R = p_6 + p_7 + p_8$$

Zusammenfassung

> **Die vorher genannte Problematik läßt sich auch allgemeiner durch den binomischen Satz für die konstanten Wahrscheinlichkeiten p und q wie folgt ausdrücken:**
>
> $$p_R = \sum_{i=k}^{n} \binom{n}{i} p_M^i (1 - p_M)^{n-i}$$
>
> **p_R gibt die Erfolgswahrscheinlichkeit des Raketenstarts an. Die Erfolgswahrscheinlichkeit eines einzelnen Motors ist p_M. Dessen Versagenswahrscheinlichkeit ist $(1 - p_M) = q_M$. Von n Motoren müssen mindestens k Motoren für einen erfolgreichen Start funktionieren. Dies führt, wie im Beispiel gezeigt wurde, zu einer Summierung von mehreren Ausdrücken. Dieser Summenausdruck wird durch das Zeichen Σ symbolisiert. Der unter dem Summenzeichen vermerkte Index i läuft von k bis zum Wert n, der über dem Summenzeichen steht. Praktisch geht man bei der Auflösung dieses Ausdruckes so vor, daß man zunächst den Index i in dem auf das Summenzeichen folgenden Ausdruck gleich k setzt. Dazu addiert man den gleichen Ausdruck, jedoch mit dem Index i = k + 1 usw.. Der Index i wird in dem Ausdruck solange um 1 erhöht, bis der Index den Wert n erreicht. Durch die Programmierung dieser allgemeinen Form können alle Probleme dieser Art ohne Änderung des Programms gelöst werden.**

Programmablaufplan

Sinn des Programmablaufplanes ist u. a., das logische Konzept eines Programmes übersichtlich darzustellen. Bei umfangreichen Beispielen würde die erste Übersicht leiden, wenn der Programmablaufplan zu detailliert wäre. Daher empfiehlt es sich in solchen Fällen, zunächst einen gröberen Programmablaufplan zu erstellen. Spezielle Probleme des Grobplanes werden, falls nötig, ergänzend in einem detaillierten Programmablaufplan behandelt. Diese Möglichkeit wird in diesem Beispiel aufgezeigt.

Nach Eingabe der Parameterwerte für PM, N und K werden diese Werte sofort zur Dokumentation ausgedruckt. Eine Ausgabe an anderer Stelle des Programmes ist nicht zu empfehlen, da der Wert K während des Programmablaufs verändert wird. Zur Berechnung des Ausdrucks $\binom{N}{K} = \frac{N!}{K!\,(N-K)!}$ wird zunächst der Wert für M = N − K errechnet.

Anschließend werden die Fakultäten N!, K! und M! ermittelt. Dieser Vorgang wird im nebenstehenden detaillierten Programmablaufplan exemplarisch für N! gezeigt. Nach der Berechnung der genannten Fakultäten kann der Ausdruck $\binom{N}{K} PM^K (1 - PM)^M$ berechnet werden. Dies ist das erste Glied des gewünschten Summenausdrucks. Das nächste Glied der Summe gewinnt man, indem man den Index K um 1 erhöht und mit diesem Wert den Ausdruck $\binom{N}{K} PM^K (1 - PM)^M$ erneut berechnet. Dieser Vorgang wird solange wiederholt, bis der Index K den Wert N erreicht. Das Ergebnis der Summierung wird ausgedruckt.

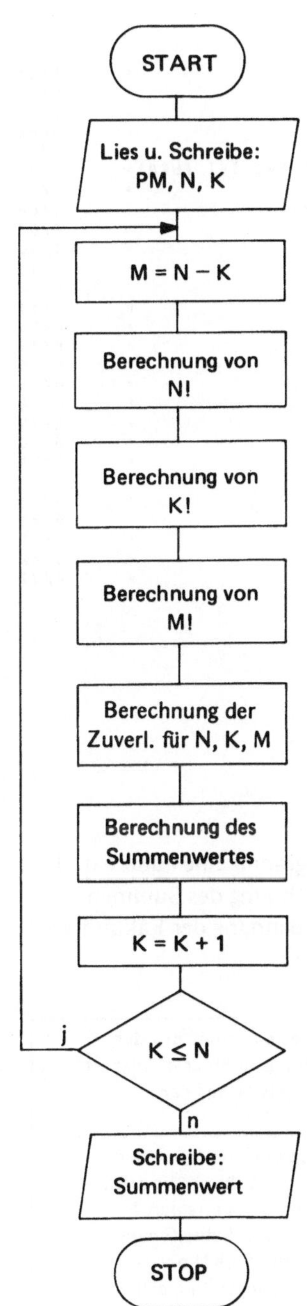
START
Lies u. Schreibe:
PM, N, K
M = N – K
Berechnung von
N!
Berechnung von
K!
Berechnung von
M!
Berechnung der
Zuverl. für N, K, M
Berechnung des
Summenwertes
K = K + 1
K ≤ N
j
n
Schreibe:
Summenwert
STOP

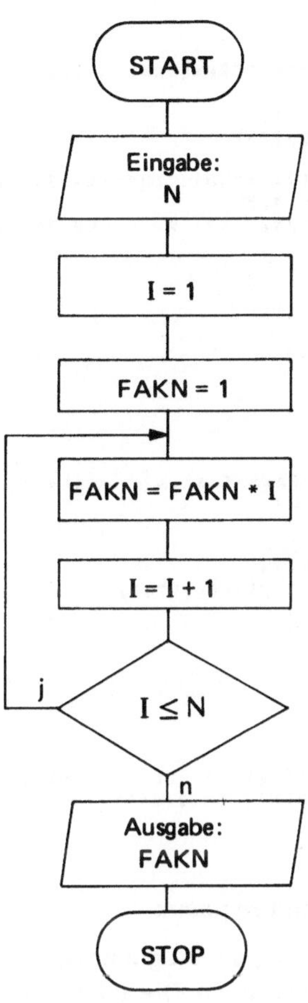
START
Eingabe:
N
I = 1
FAKN = 1
FAKN = FAKN * I
I = I + 1
I ≤ N
j
n
Ausgabe:
FAKN
STOP

Programm

```
                                                                             *
6/01  C       ZUVERLAESSIGKEITSBERECHNUNG VON KVN-SYSTEMEN                   *
6/02  C                                                                      *
6/03          READ(10,1)PM,N,K                                               *
6/04        1 FORMAT(F10.8,2I5)                                              *
6/05          WRITE(7,9)                                                     *
6/06        9 FORMAT(1H1,10X,47HDIE ZUVERLAESSIGKEIT EINES KVN-SYSTEMS IST FUER)*
6/07          WRITE(7,10)K,N,PM                                              *
6/08       10 FORMAT(1H ,10X,2HK=,I5,7H UND N=,I5,8H MIT PM=,F10.8)          *
6/09          PSUM=0                                                         *
6/10        8 M=N-K                                                          *
6/11          FAKN=1                                                         *
6/12          FAKK=1.                                                        *
6/13          FAKM=1.                                                        *
6/14          DO4 I=1,N                                                      *
6/15        4 FAKN=FAKN*I                                                    *
6/16          DO5 I=1,K                                                      *
6/17        5 FAKK=FAKK*I                                                    *
6/18          DO6 I=1,M                                                      *
6/19        6 FAKM=FAKM*I                                                    *
6/20          PZUV =(FAKN/FAKM/FAKK)*(PM**K)*((1-PM)**M)                     *
6/21          PSUM=PSUM+PZUV                                                 *
6/22          K=K+1                                                          *
6/23          IF(K.LE.N)GOTO8                                                *
6/24          WRITE(7,11)PSUM                                                *
6/25       11 FORMAT(1H ,10X,3HPR=,F7.5)                                     *
6/26          STOP                                                           *
6/27          END                                                            *
      $$$$                                                                   *
```

Ergebnis

```
DIE ZUVERLAESSIGKEIT EINES KVN-SYSTEMS IST FUER
K=    6 UND N=     8 MIT PM=0.94999980
PR=0.99421
```

Erläuterungen zu dem Programm

Bei genauer Betrachtung des Programmablaufplanes muß das Programm eine äußere und drei innere Schleifen besitzen. Die äußere Schleife dient zur Berechnung des Summenwertes der Zuverlässigkeit, während die inneren Schleifen zur Berechnung der Fakultäten benutzt werden. Sie werden im Programm unterschiedlich realisiert.

6/14:	DO-Schleifenanweisung zur Berechnung von FAKN. Die Schleife beginnt mit der DO-Anweisung und endet bei der Anweisung mit der Anweisungsnummer 4. Dies ist schon die nächste Anweisung. Der Laufbereich geht von I = 1 bis N mit der Schrittweite 1. (9.3).
6/15:	Diese Anweisung soll N mal durchlaufen werden. Der Anfangswert der Variablen FAKN im arithmetischen Ausdruck FAKN * I wurde in Zeile 6/11 durch die arithmetische Zuordnungsanweisung FAKN = 1 festgelegt. Der Wert der Variablen I richtet sich nach dem jeweiligen Wert der Laufvariablen I in der DO-Schleifenanweisung. Nach N Durchläufen ergibt sich für die Ergebnisvariable FAKN der Wert für N!. Die anderen Fakultäten werden in den folgenden Anweisungen in gleicher Weise berechnet.
6/20:	Berechnung der Zuverlässigkeit für die z. Zt. geltenden Werte von N, K, M mithilfe des Ausdrucks $\binom{N}{K} p_M{}^K (1 - p_M)^M$.

6/21:	Arithmetische Zuordnungsanweisung des Summenwertes der Zuverlässigkeit. PSUM ergibt sich durch Summierung der vorher aufaddierten Zuverlässigkeitswerte PSUM mit dem neu errechneten Zuverlässigkeitswert PZUV. Für den ersten Durchlauf des Programms wurde der Anfangswert von PSUM in Zeile 6/09 mithilfe der arithmetischen Zuordnungsanweisung PSUM = 0 festgelegt.
6/22:	Erhöhung des Wertes der Variablen K um 1.
6/23:	Diese Boolesche Wennanweisung bewirkt einen Rücksprung zur Anweisung mit der Anweisungsnummer 8, solange K kleiner oder gleich N ist. Dies führt zu entsprechend vielen Schleifendurchläufen. Durch eine vorangegangene Änderung des Wertes von K ändern sich in dem darauf folgenden Schleifendurchlauf auch die Werte der Variablen M, FAKK, FAKM, PZUV und PSUM. Wenn der Wert der Variablen K schließlich größer als N wird, kann der Summenwert PSUM als Ergebnis ausgedruckt werden.

12.7. Bremswegberechnung

Aufgabenstellung

Der Fahrer eines Autos kennt nur die Geschwindigkeit und das Bremsvermögen seines eigenen Fahrzeuges. Er sollte sich daher in seiner Fahrweise so einrichten, daß sein Bremsweg kleiner oder höchstens gleich dem Abstand zu einem vorherfahrenden Fahrzeug ist. Auf diese Weise können Auffahrunfälle vermieden werden. Zur Verdeutlichung, wie stark der Bremsweg mit steigender Geschwindigkeit wächst, soll der Bremsweg eines Autos als Funktion der Geschwindigkeit in Form einer Tabelle dargestellt werden. Der Bremsweg soll dazu in Schritten von 10 km/h für den Geschwindigkeitsbereich von 0 bis 200 km/h berechnet werden. Als Bremsverzögerung des Autos auf trockener Straße wird $b = 5\ \mathrm{m/s^2}$ angenommen.

Problemformulierung

Aus der Bewegungslehre sind für gleichmäßig beschleunigte Bewegungen folgende Gleichungen bekannt:

$$s_B = \frac{1}{2} b t^2 \qquad (1)$$

$$v = b \cdot t \qquad (2)$$

Gleichung (1) gibt den Bremsweg s_B als Funktion der Bremsverzögerung b und der Bremszeit t an. Die Bremszeit ist jedoch nicht bekannt. Sie kann mit Hilfe der Gleichung (2) aus Geschwindigkeit v und Bremsverzögerung b wie folgt ermittelt werden:

$$t = \frac{v}{b}$$

Setzt man diese Zeit in Gleichung (1) ein, so ergibt sich der Bremsweg aus den dem Fahrer bekannten Größen v und b zu

$$s_B = \frac{v^2}{2b}$$

Zusammenfassung

> **Der Bremsweg eines Autos ergibt sich aus der Beziehung**
>
> $$s_B = \frac{v^2}{2b}$$
>
> **Diese allgemeine Beziehung ist zu programmieren. Eingabewerte sind in diesem Falle $b = 5$ m/s²; $v = 0$ bis 200 km/h mit der Schrittweite von 10 km/h.**

Programmablaufplan

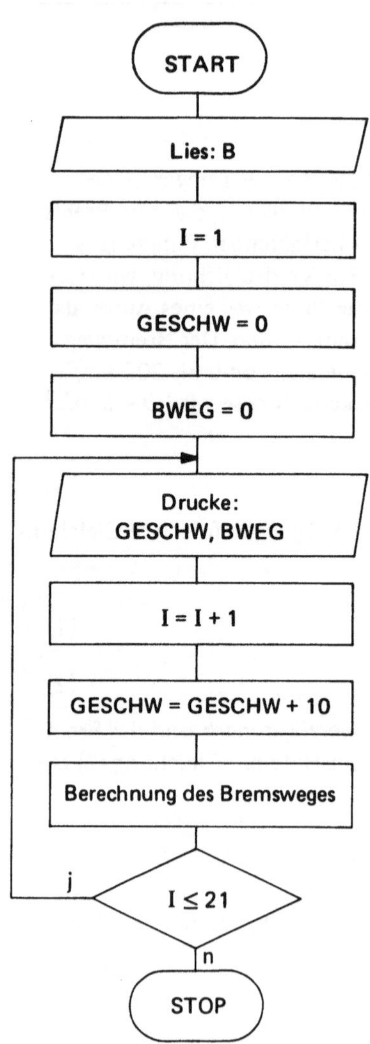

Zunächst wird die Bremsverzögerung (Abk.: B) eingegeben. Die gewünschten Geschwindigkeitswerte (Abk.: GESCHW) werden hingegen im Programm mithilfe einer Schleife erzeugt. Mit diesen Werten kann anschließend der Bremsweg (Abk.: BWEG) berechnet werden.

Wie in den Schleifen der vorangegangenen Beispiele sind auch hier vor Schleifenbeginn Anfangswerte zu setzen. Der Schleifenzähler (Abk.: I) wird am Anfang auf Eins, die Geschwindigkeit und der Bremsweg auf Null gesetzt. Damit die auszugebende Tabelle mit den Anfangswerten beginnt, folgt eine Ausgabe dieser Werte. Daraufhin kann der Schleifenzähler um 1 und die Geschwindigkeit entsprechend der Aufgabenstellung um 10 erhöht werden. Für diese Geschwindigkeit wird anschließend der Bremsweg berechnet. Solange der Wert des Schleifenzählers kleiner oder gleich 21 ist, werden die neu errechneten Werte der Geschwindigkeit und des zugehörigen Bremsweges ausgegeben und ein neuer Rechenzyklus beginnt. Sobald der Wert des Schleifenzählers größer als 21 ist, wird die Berechnung abgebrochen, da nur Geschwindigkeiten bis zu 200 km/h betrachtet werden sollen.

Programm

```
                                                                    *
C       BREMSWEGBERECHNUNG                                          *   7/01
C                                                                   *   7/02
        DIMENSION V(21),SB(21)                                      *   7/03
        READ(10,1)B                                                 *   7/04
      1 FORMAT(F5.2)                                                *   7/05
        WRITE(7,3)                                                  *   7/06
      3 FORMAT(1H1,10X,15HGESCHW.IN KM/H,5X,13HBREMSWEG IN M//)     *   7/07
        GESCHW=0.                                                   *   7/08
        I=1                                                         *   7/09
        BWEG=0.                                                     *   7/10
      5 WRITE(7,4)GESCHW,BWEG                                       *   7/11
      4 FORMAT(1H ,15X,F5.1,13X,F7.1/)                              *   7/12
        I=I+1                                                       *   7/13
        GESCHW=GESCHW+10.                                           *   7/14
        BWEG=((GESCHW/3.6)**2)/2./B                                 *   7/15
        IF(I.LE.21)GOTO5                                            *   7/16
        STOP                                                        *   7/17
        END                                                         *   7/18
$$$$                                                                *
```

Erläuterungen zum Programm

7/15:	Die Geschwindigkeit, die in der Einheit km/h in die Gleichung eingegeben wird, muß in m/s umgerechnet werden, damit sich der Bremsweg in der Dimension m ergibt. Aus diesem Grunde muß die Geschwindigkeit in der folgenden Weise umgerechnet werden: $\frac{km}{h} = \frac{1000\ m}{3600 s} = \frac{1}{3{,}6} \frac{m}{s}$

Ergebnis

```
GESCHW.IN KM/H,     BREMSWEG IN M

       0.0               0.0
      10.0               0.8
      20.0               3.1
      30.0               6.9
      40.0              12.3
      50.0              19.3
      60.0              27.8
      70.0              37.8
      80.0              49.4
      90.0              62.5
     100.0              77.2
     110.0              93.4
     120.0             111.1
     130.0             130.4
     140.0             151.2
     150.0             173.6
     160.0             197.5
     170.0             223.0
     180.0             250.0
     190.0             278.5
     200.0             308.6
```

12.8. Numerische Integration

Aufgabenstellung

Bei der Aufladung eines Kondensators mißt man zu den in der Tabelle angegebenen Zeiten t folgende Stromstärken I:

t [s]	0,0	0,1	0,2	0,3	0,4	0,5	0,6	0,7	0,8	0,9	1,0
I [mA]	1,000	0,741	0,549	0,407	0,301	0,223	0,165	0,123	0,091	0,067	0,050

Es soll die Elektrizitätsmenge bestimmt werden, die der Kondensator nach einer Sekunde gespeichert hat.

Problemformulierung

Bei der Aufladung eines Kondensators ist die gespeicherte Elektrizitätsmenge Q gegeben durch $Q = \int_0^t I \, dt$, wobei I die zeitlich veränderliche Stromstärke darstellt.

Diese Integration läßt sich jedoch nicht ohne weiteres durchführen, da der Strom nicht als mathematische Funktion der Zeit vorliegt. Es ist nur eine Meßreihe bekannt, die sich grafisch in Form einer Kurve darstellen läßt. Bekanntlich ergibt sich das Integral auch aus der Fläche unter der Kurve. Diese Fläche läßt sich bei einer punktförmig vorgegebenen Kurve näherungsweise mit Hilfe der sog. numerischen Integration ermitteln.

Die Mathematik bietet als Verfahren die Rechteckregel, die Trapezregel, die Tangentenregel und die Simpson'sche Regel an. Hier soll die Trapezregel verwendet werden, die zu recht guten Näherungen führt. Die Fläche unter der gemessenen Kurve läßt sich aus einer Folge von Trapezen zusammengesetzt denken. Addiert man die Flächen der Trapeze, so erhält man näherungsweise die Lösung des Integrals. Der Algorithmus ergibt sich aus der Skizze wie folgt:

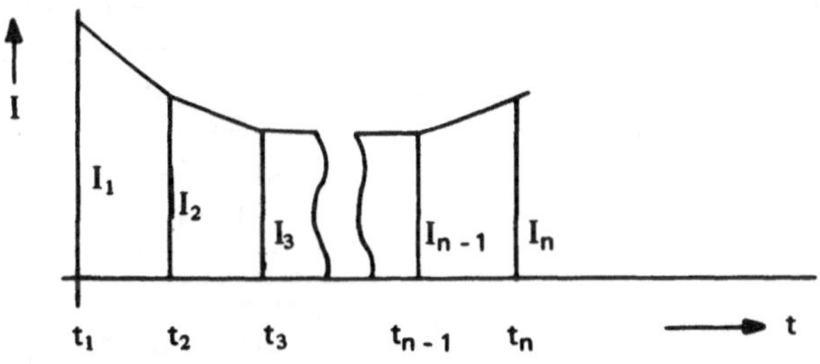

$$F = \frac{I_1 + I_2}{2} \cdot (t_2 - t_1) + \frac{I_2 + I_3}{2} (t_3 - t_2) + \ldots + \frac{I_{n-1} + I_n}{2} (t_n - t_{n-1}) = Q$$

Dieser Algorithmus läßt sich auf jede beliebige Meßreihe anwenden. Das Programm ist daher universell zur numerischen Integration geeignet.

Es soll an dieser Stelle nicht unerwähnt bleiben, daß sich auch komplizierte Funktionen mit Hilfe dieses Programms integrieren lassen, indem man, per Programm, an einigen Stellen die Funktion berechnet. Man erhält so eine Wertetabelle. Die Integration verläuft dann nach dem obigen Schema.

Zusammenfassung

Die numerische Integration nach der Tapezregel folgt der Beziehung

$$F = \frac{I_1 + I_2}{2} (t_2 - t_1) + \frac{I_2 + I_3}{2} (t_3 - t_2) + \ldots + \frac{I_{n-1} + I_n}{2} (t_n - t_{n-1})$$

Der Wert des Integrals F ergibt sich nach der obigen Beziehung aus den n Werten der unabhängigen Variablen t und den zugehörigen Meßwerten der abhängigen Variablen I. Die Eingabewerte sind der Aufgabenstellung zu entnehmen.

Programmablaufplan

Zunächst wird bei einer allgemeingültigen Programmierung die Anzahl N der zu erwartenden Meßwerte für die einzelnen Parameter angegeben. Es folgen die Meßwerte der Parameter selbst. Für diese Meßwerte werden Felder vereinbart (5.3.4). So bilden die Zeiten in der Tabelle das Feld T und die Ströme das Feld A I. Für die Feldvariable des Stroms konnte nicht das allgemeinübliche Symbol I verwendet werden, da der Strom sonst nur ganzzahlige Werte annehmen dürfte.

Bei N Meßwerten von Strom und Zeit lassen sich M = N − 1 Trapezflächen berechnen. Diese Trapezflächen sind nacheinander mithilfe einer Programmschleife nach der angegebenen Formel zu berechnen und aufzusummieren. Das Ergebnis wird nach Abschluß der Rechnung ausgedruckt.

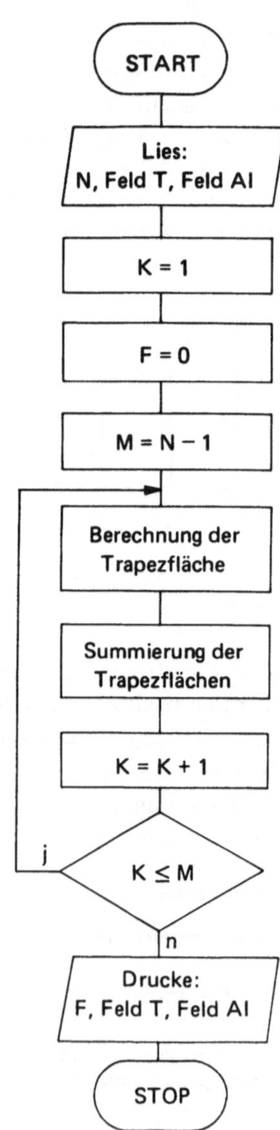

Programm

```
                                                                       *
C     NUMERISCHE INTERGRATION                                          *    8/01
C                                                                      *    8/02
      DIMENSION T(24),AI(24),TF(24)                                    *    8/03
      READ(10,1)N,(T(K),K=1,N),(AI(K),K=1,N)                           *    8/04
    1 FORMAT(I2/(F10.4))                                               *    8/05
      F=0                                                              *    8/06
      M=N-1                                                            *    8/07
      DO 10 K=1,M                                                      *    8/08
      TF(K)=(AI(K)+AI(K+1))*(T(K+1)-T(K))/2.                           *    8/09
      F=F+TF(K)                                                        *    8/10
   10 CONTINUE                                                         *    8/11
      WRITE(7,2)F                                                      *    8/12
    2 FORMAT(1H1,5X,42HDIE INTEGRATION DER EINGABEWERTE ERGIBT F=,E12.4 *    8/13
     1//)                                                              *    8/14
      WRITE(7,4)                                                       *    8/15
    4 FORMAT(1H ,5X,21HDIE EINGABEWERTE SIND//)                        *    8/16
      WRITE(7,5)                                                       *    8/17
    5 FORMAT(1H ,11X,1HT,14X,1HA//)                                    *    8/18
      DO6K=1,N                                                         *    8/19
    6 WRITE(7,7)T(K),AI(K)                                             *    8/20
    7 FORMAT(1H ,5X,F10.4,5X,F10.4)                                    *    8/21
      STOP                                                             *    8/22
      END                                                              *    8/23
$$$$                                                                   *
```

Ergebnis

```
DIE INTEGRATION DER EINGABEWERTE ERGIBT F=  0.3192E+00

DIE EINGABEWERTE SIND

          T              A

     0.0000         1.0000
     0.1000         0.7410
     0.2000         0.5490
     0.3000         0.4070
     0.4000         0.3010
     0.5000         0.2230
     0.6000         0.1650
     0.7000         0.1230
     0.8000         0.0910
     0.9000         0.0670
     1.0000         0.0500
```

Erläuterungen zu dem Programm

8/03:	Die Feldanweisung DIMENSION (5.3.4) dient dazu, für die Eingabefelder T und AI sowie für das Ergebnisfeld der einzelnen Trapezflächen TF ausreichend Speicherplätze vorzusehen. In diesem Programm wurde angenommen, daß der Verlauf einer Funktion mit 24 Funktionswerten ausreichend genau beschrieben werden kann. Daher wurde der Wert 24 als Indexmaximalwert für alle Felder gewählt.
8/04:	Eingabeanweisung für eine fortlaufende Reihe von Feldkomponenten (10.2.2). Die Eingabefelder können durch Nennung der Feldnamen nebst Laufindex und Laufvorschrift in der Eingabeliste in die Datenverarbeitungsanlage eingelesen werden. Sie müssen dazu in Klammern gesetzt werden. Die Größe der Eingabefelder kann mithilfe der Variablen N, die vorher eingegeben wird, innerhalb der Grenze, die vom Indexmaximalwert gesetzt wird, frei gewählt werden. In der Praxis wird sich der Wert für die Variable N nach der Zahl der Tabellenwerte für die Feldvariablen richten. In diesem Beispiel wäre N = 11.

8/05:	Die FORMAT-Vereinbarung ist so aufgebaut, daß zunächst der Wert der Variablen N auf einer Lochkarte im Format I2 eingelesen wird. Der Schrägstrich in der Spezifikationsliste gibt an, daß der Eingabewert für die nächste Variable auf der folgenden Lochkarte zu finden ist. Auf dieser Lochkarte ist der erste Wert der ersten Feldvariablen T im Format F 10.4 abgelocht. Weitere Formatschlüssel sind nicht angegeben. Mithilfe der Wiederholungsklammern (10.3.4) wird jedoch allen anderen Feldvariablen der Formatschlüssel F 10.4 zugeordnet. Dazu ist es natürlich erforderlich, daß für jeden einzelnen Tabellenwert eine Lochkarte bereitgestellt wird. Auf dieser Lochkarte ist der Wert entsprechend der Formatangabe abzulochen.
8/08:	Schleifenanweisung (9.3).Der Schleifenbereich erstreckt sich von dieser Anweisung bis zur Anweisung mit der Anweisungsnummer 10. Diese Anweisung ist die Leeranweisung CONTINUE (9.3) in Zeile 8/11. Alle in diesem Bereich liegenden indizierten Variablen mit dem Index K durchlaufen gemäß der Laufanweisung die Werte 1 bis M mit der Schrittweite 1.
8/18:	Die Ausgabe der Eingabefelder kann mithilfe dieser Schleifenanweisung erfolgen.

12.9. Simulation logischer Schaltungen

Aufgabenstellung

Logische Schaltungen können auf einer Datenverarbeitungsanlage nachgebildet werden. Dies bietet die Möglichkeit, das logische Konzept der Schaltung schnell und einfach vor der Realisierung zu prüfen. Für eine einfache Schaltung, dem sog. Halbaddierer, soll ein Programm entworfen werden, daß das Verhalten des Halbaddierers nachbildet. Die Schaltung des Halbaddierers sieht folgendermaßen aus:

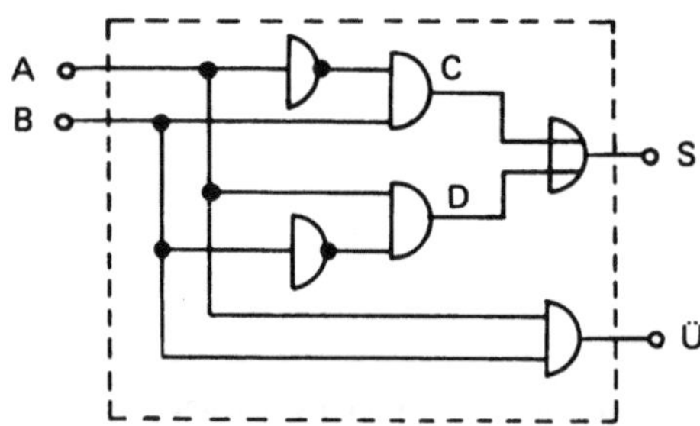

Der Wahrheitswert der Eingangsgrößen A und B sei „TRUE“.

Problemformulierung

Logische Schaltungen sind, wie das Schaltbild zeigt, aus logischen Schaltkreisen aufgebaut. Man unterscheidet im wesentlichen folgende 3 Typen:

UND – Gatter

Sie geben nur ein Ausgangssignal ab, wenn am Eingang E1 *und* am Eingang E2 ein Eingangssignal anliegt.

E1
E2
A

ODER – Gatter

E1
E2 A

Sie geben ein Ausgangssignal ab, wenn am Eingang E1 *oder* am Eingang E2 ein Eingangssignal anliegt.

Inverter

Sie kehren den logischen Wert des Eingangssignals um.

Der Wahrheitswert am Ausgang einer logischen Schaltung hängt von dem Aufbau der logischen Schaltung und den Wahrheitswerten der Eingabe ab. Der logische Halbaddierer gibt in Abhängigkeit von den Eingangsgrößen A und B die Summe S und den Übertrag Ü als Ausgangsgröße ab.

Zusammenfassung

> Die obige logische Schaltung soll in einem Programm nachgebildet werden. Es ist nach den Wahrheitswerten S und Ü am Ausgang der Schaltung gefragt, wenn die Wahrheitswerte der Eingangsgrößen A und B „TRUE" sind.

Programmablaufplan

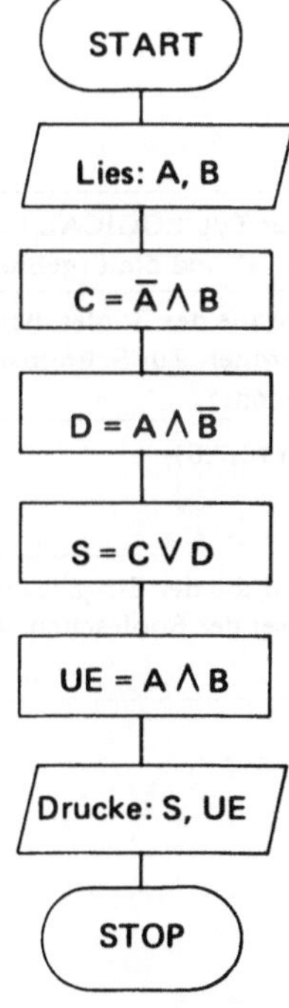

Die logischen Größen der Eingangssignale werden eingelesen. Schrittweise werden die Ausgangsgrößen der einzelnen logischen Schaltkreise, vom Eingang her kommend, entwickelt. Diese Ausgangsgrößen können wieder Eingangsgrößen anderer logischer Schaltkreise sein, wie dies Beispiel zeigt. Außerdem wurden Inverter in diesem Beispiel einfach durch Inversion der Eingangssignale berücksichtigt.

Programm

```
                                                            *
C     SIMULATION LOGISCHER SCHALTUNGEN                      *    9/01
C                                                           *    9/02
      LOGICAL A,B,C,D,S,UE                                  *    9/03
      READ(10,1)A,B                                         *    9/04
    1 FORMAT(2L1)                                           *    9/05
      C=.NOT.A.AND.B                                        *    9/06
      D=A.AND..NOT.B                                        *    9/07
      S=C.OR.D                                              *    9/08
      UE=A.AND.B                                            *    9/09
      WRITE(7,2)A,B                                         *    9/10
    2 FORMAT(1H1,10X,12HEINGABE    A=,L1,5X,2HB=,L1/)       *    9/11
      WRITE(7,3)S,UE                                        *    9/12
    3 FORMAT(1H ,10X,12HAUSGABE    S=,L1,5X,3HUE=,L1)       *    9/13
      STOP                                                  *    9/14
      END                                                   *    9/15
$$$$                                                        *
```

Ergebnis

```
EINGABE   A=T     B=T

AUSGABE   S=F     UE=T
```

Erläuterungen zu dem Programm

9/03:	Allen Booleschen Variablen wird der Typ LOGICAL (8.2.2) zugeordnet. Dazu zählen die Eingabevariablen A, B, C, D und die Ergebnisvariablen S und UE.
9/05:	FORMAT-Vereinbarung für die Eingabe der Booleschen Variablen A und B. Ihnen wird das Format L1 (10.3.1) zugeordnet. Zur Schreibvereinfachung wurde ein Wiederholungsfaktor (10.3.4) verwendet.
9/06 bis 9/09:	Boolesche Zuordnungsanweisungen (8.2.6)
9/11:	FORMAT-Vereinbarung für die Ausgabe der Eingabevariablen A und B nebst erklärendem Text. Der Formatschlüssel der Booleschen Variablen ist wie bei der Eingabe L1.

13. Lösungen der Übungsaufgaben

Aufgabe 5.1

Nr.	Zeichen	Ja	Nein
1.	T	⊗	O
2.	d	O	⊗
3.	=	⊗	O
4.	;	O	⊗
5.	γ	O	⊗
6.	≠	O	⊗
7.	2	⊗	O
8.	?	O	⊗
9.	III	O	⊗
10.	Λ	O	⊗
11.	}	O	⊗
12.	*	⊗	O

Bemerkungen

Die Aufgaben 4, 5, 6, 8, 9, 10 und 11 stellen Sonderzeichen dar, die nicht im FORTRAN-Zeichenvorrat vorhanden sind. Weiterhin ist der Zeichenvorrat auf Großbuchstaben beschränkt, so daß kleine Buchstaben, wie in Aufgabe 2, nicht zulässig sind.

Aufgabe 5.2

Nr.	Variablenname	Ja	Nein	Bemerkung
1.	GERDA	⊗	O	
2.	WOLFGANG	O	⊗	8 Zeichen
3.	B4	⊗	O	
4.	BUSTR 4	⊗	O	
5.	23 KIEL	O	⊗	Zahl am Anfang
6.	DM/STK	O	⊗	Sonderzeichen
7.	NR 789Ø5	O	⊗	7 Zeichen
8.	LoS 3	O	⊗	Kleinbuchstabe

Aufgabe 5.3

Nr.	Variablenname	INTEGER	REAL
1.	JOCHEN	⊗	O
2.	LOS 3	⊗	O
3.	GOETHE	O	⊗
4.	ALPHA	O	⊗
5.	NR 58	⊗	O
6.	X7Q	O	⊗

Aufgabe 5.4

Nr.	Mathematische Schreibweise	FORTRAN
1.	β_1	BETA (1)
2.	$Str._{NR}$	STR (NR)
3.	$U_{L,M,N}$	U (L, M, N)
4.	$Feld_{1+n}$	FELD (1 + N)
5.	$\varphi_{4\mu, k1}$	PHI (4 * MUE, K1)

Aufgabe 5.5

Nr.	Indiz. Variable	Zulässig	Unzulässig	Bemerkung
1.	P (3)	⊗	○	
2.	UMFANG (A)	○	⊗	Index vom Typ REAL
3.	SUMME (K)	⊗	○	
4.	KONTO (– 1∅)	○	⊗	Negativer Index
5.	EING 3	○	⊗	Klammern fehlen
6.	EINGANG (2∅)	○	⊗	7 Buchstaben
7.	T45 (1)	⊗	○	
8.	GAMMA 1 (4,3,KK)	⊗	○	
9.	M (I – 3, 2 * N + 6)	⊗	○	

Aufgabe 5.6

Nr.	Funktion in mathematischer Schreibweise	FORTRAN
1.	$\sqrt{a+b}$	SQRT (A + B)
2.	$\cot a$	COS (A)/SIN (A)
3.	$\cos \beta$	COS (BETA * PHI/180)
4.	e^{RT}	EXP (R * T)
5.	$\lvert\sqrt{a+b}\rvert$	ABS (SQRT (A + B))

Aufgabe 7.1

Nr.	FORTRAN-Schreibweise	Bemerkungen
1	U = 2. * PI * R oder U = 2. * 3.14 * R	Großbuchstaben verwenden. Multiplikationszeichen schreiben. Sonderzeichen π durch Variable PI oder Wert 3.14 ersetzen. Dezimalpunkt nicht vergessen.
2	F = PI * R * R oder F = PI * R ** 2 oder F = 3.14 * R ** 2	
3	C = A + 2. * B ** (– 3)	Faktor 2 als REAL-Zahl schreiben. Negative Potenz in Klammern setzen.
4	H = A + B/C + F * D ** E – G	
5	X = A (B – C * D)	
6	Y = A/(5. + 2. * B)	Der Nenner muß in Klammern gesetzt werden, da sich sonst der Ausdruck von Nr. 7 ergibt.
7	Y = A/5. + 2. * B	
8	E = A * B/C/D oder E = A * B/(C * D)	
9	E = (7./8.) * (X – Y) oder E = 7. * (X – Y)/8.	
10	C = SQRT (A ** 2 + B ** 2)	Standardfunktion für Quadratwurzel verwenden.
11	A = COS (ALPHA * PI/180)	Sonderzeichen α durch Variable ALPHA ersetzen. Gradmaß ins Bogenmaß umwandeln.
12	B = (SIN (X)/COS (X)) ** 3	Unbekannte Funktion aus Standardfunktion ableiten.
13	Y = ABS (A) + ABS (B – C)	Standardfunktionen für Absolutwerte verwenden.

Aufgabe 7.2

Nr.	FORTRAN-Schreibweise	Mathem. Schreibweise
1	X = 4. * 3.14 * R ** 3/3.	$x = \frac{4}{3}\pi R^3$
2	Y = 1/(M ** (- 2) - N ** (- 2))	$y = \frac{1}{\frac{1}{m^2} - \frac{1}{n^2}}$
3	Z = (1. - 2. * I) ** (1./3.)	$z = \sqrt[3]{1 - 2i}$
4	U = EXP (-Y * Y/(2. * PI * S))	$U = e^{-\frac{y^2}{2\pi s}}$
5	V = EXP (N * ALOG (Y))	$v = e^{n \ln y}$
6	Y = ALOG ((ABS ((X + 1)/X))	$y = \ln \lvert\frac{x+1}{x}\rvert$
7	W = ((A + B) ** 2) ** (1./5.)	$W = \sqrt[5]{(a+b)^2}$
8	AN= A * (1. - EXP (- T/2))	$n = a\left(1 - e^{-\frac{t}{2}}\right)$
9	G = A ** ((N ** 2) - 1.)	$g = a^{n^2 - 1}$
10	C = SQRT (A * A + B * B - 2. * A * B * COS (G))	$c = \sqrt{a^2 + b^2 - 2ab\cos\gamma}$
11	RS = SQRT (R * R + (OM * AL - 1./(OM * C)) ** 2)	$R_s = \sqrt{R^2 + \left(\omega \cdot L - \frac{1}{\omega C}\right)^2}$

Bemerkungen

Nr. 10 gibt den aus der Dreiecksberechnung bekannten Kosinussatz an. Der Winkel γ (Variablenname G) muß hier im Bogenmaß eingegeben werden. Bei der Eingabe im Gradmaß muß, wie in Abschnitt 5.5 gezeigt wurde, das Gradmaß ins Bogenmaß umgerechnet werden. Nr. 11 stellt den praktischen Fall zur Berechnung des Scheinwiderstandes R_s eines Serienschwingkreises, bestehend aus einem Widerstand R, einer Induktivität L und einer Kapazität C dar. Der Winkel ω (Variablenname OM) muß hier im Bogenmaß eingegeben werden.

Aufgabe 8

Aufgaben	Boolescher Ausdruck	Ja	Nein	Bemerkungen
8.1	(A * B).GT.E	⊗	○	
8.2	(D ∧ E).EQ.(F + G)	○	⊗	Vergleichsoperatoren vergleichen gleichartige Ausdrücke
8.3	E ** 1.3.GE.(5 * A + 7)	⊗	○	
8.4	E ** 1.3 GE.5.8	○	⊗	Vor dem Vergleichsoperator fehlt ein Punkt
8.5	.TRUE.	⊗	○	
8.6	.TRUE..EQ.1	○	⊗	Siehe Aufgabe 8.2
8.7	.LT.3	○	⊗	Erste arithmetische Ausdruck fehlt zum Vergleich
8.8	.NOT.A	⊗	○	
8.9	.OR..NOT.B	⊗	○	
8.10	(X * Y .GT.Z) .AND.U	⊗	○	
8.11	4.3.AND.F	○	⊗	4.3 ist keine Boolesche Größe
8.12.	.OR. V	○	⊗	Dem logischen .OR. muß ein Boolescher Ausdruck vorausgehen.
8.13	R.AND..OR.T	○	⊗	.AND. und .OR. dürfen nicht nebeneinander stehen
8.14	Q.AND..NOT.L	⊗	○	
8.15	M.NOT.N	○	⊗	Vor .NOT. darf kein Boolescher Ausdruck stehen
8.16	NOT.(C.LT.Q)	○	⊗	Punkt vor .NOT. fehlt

Aufgabe 9.1

Nr.	Steueranweisung	Erläuterung
1	GOTO15	Die unbedingte Sprunganweisung GOTO15 bewirkt, daß das Programm mit der Anweisung der Anweisungsnummer 15 fortgesetzt wird.
2	GOTO(5, 1∅, 15, 2∅) I	Die nebenstehende Steueranweisung ist eine „Berechnete Sprunganweisung". Sie bewirkt einen Sprung zur Anweisungsnummer 5, wenn I = 1 1∅, wenn I = 2 15, wenn I = 3 2∅, wenn I = 4
3	IF(A * B) 1∅, 4, 3∅	Die nebenstehende Steueranweisung ist eine „arithmetische Wennanweisung". Die Anweisung bewirkt einen Sprung zur Anweisungsnummer 1∅, wenn A * B < 0 4, wenn A * B = 0 3∅, wenn A * B > 0
4	IF(C.GT.1∅)GOTO15	Die nebenstehende Steueranweisung ist eine „Boolesche Wennanweisung". Ist der Boolesche Ausdruck C.GT.1∅ wahr, wird die unbedingte Sprunganweisung GOTO15 ausgeführt. Ist der Wahrheitswert falsch, wird mit der nächsten Anweisung fortgefahren
5	IF(C.GE.1∅)A = B + C	Die nebenstehende Steueranweisung ist eine „Boolesche Wennanweisung". Ist der Boolesche Ausdruck C.GE.1∅ wahr, wird die arithmetische Zuordnungsanweisung A = B + C ausgeführt und mit der nächsten Anweisung fortgefahren. Ist der Wahrheitswert falsch, wird sofort mit der nächsten Anweisung fortgefahren.
6	IF (X.AND..NOT.Y) A = B	Die nebenstehende Steueranweisung ist eine „Boolesche Wennanweisung". Ist der Boolesche Ausdruck X.AND..NOT.Y wahr, wird die arithmetische Zuordnungsanweisung A = B ausgeführt und mit der nächsten Anweisung fortgefahren. Ist der Wahrheitswert falsch, wird sofort mit der nächsten Anweisung fortgefahren.
7	DO25I = 1,1∅∅	Die nebenstehende Steueranweisung ist eine „Schleifenanweisung". Die Schleife beginnt bei der Schleifenanweisung und reicht bis zur Anweisung mit der Anweisungsnummer 25. Die Schleife wird vom Index 1 bis zum Index 100 mit der Schrittweite 1 durchlaufen.
8	DO25I = 1,1∅∅,4	Die nebenstehende Steueranweisung weist gegenüber der Steueranweisung der Aufgabe 7 eine andere Schrittweite auf. Die Schleife wird vom Index 1 bis zum Index 100 mit der Schrittweite 4 durchlaufen.

Aufgabe 9.2

Nr.	Steueranweisung	Ja	Nein	Bemerkung
1	IF(A * B)5,10	○	⊗	3. Sprungziel fehlt
2	IF(E.OR.F) A = Ø	⊗	○	
3	GOTO n	○	⊗	Sprungziel muß positive ganze Zahl sein
4	IF(X.GT.Y)GOTO1Ø	⊗	○	
5	IF(U.LTV)B = A/C	○	⊗	Punkt fehlt bei .LT.
6	GOTO (3,9,7,6,8) LAMBDA	⊗	○	
7	IF(A/B + C) 3,6,6	⊗	○	
8	IF(G.NOT..OR.H) X = Y	○	⊗	Reihenfolge .NOT..OR. nicht erlaubt

Aufgabe 9.3

Nr.	Programmabschnitt	Erläuterung
1	: · DO1ØI = 1,1ØØ 6 IF (A (I) – B (I)) 5,1Ø,1Ø 5 A (I) = 5.Ø * A (I) B (I) = B (I) – 1Ø.8 GOTO6 1Ø CONTINUE · :	Die letzte Anweisung des Schleifenbereiches darf keine Sprunganweisung (GOTO6) sein (vgl. 9.4 Bsp. 1).
2	· : DO2ØI = 1,1ØØ,2 IF (A (I) – B (I)) 5,1Ø,1Ø 5 G (I) = H (I) GOTO2Ø 1Ø G (I) = E (I) 2Ø CONTINUE · :	Die Continue-Anweisung ermöglicht, daß in der Schleife sowohl zur Anweisung mit der Anweisungsnummer 5 als auch zur Anweisung mit der Anweisungsnummer 1Ø verzweigt werden kann (vgl. 9.4 Bsp. 2).

Aufgabe 9.4

Nr.	Aufgabe	Programmabschnitt
1	Wenn die Differenz von X und Y kleiner als Null ist, soll Z von der Differenz subtrahiert werden. Dies soll die neue Differenz sein. Falls X und Y größer oder gleich Null ist, soll Z zur Differenz addiert werden. Das Ergebnis soll in diesem Fall die neue Differenz sein.	Mit der Booleschen Wennanweisung: . . . DIFF = X - Y IF (DIFF. LT. Ø.Ø) GOTO 7 DIFF = DIFF + Z GOTO 1Ø 7 DIFF = DIFF - Z 1Ø ... . . .
		Mit der arithmetischen Wennanweisung: . . . IF (X - Y) 7, 1Ø, 1Ø 1Ø DIFF = DIFF + Z GOTO 2Ø 7 DIFF = DIFF - Z 2Ø ... . . .
2	Wenn das Produkt von A und B ungleich Null ist, soll das Produkt durch C geteilt werden. Anderenfalls soll zu dem Produkt D addiert werden.	Mit der arithmetischen Wennanweisung: IF (A * B) 3, 5, 3 3 PROD = A * B/C GOTO 1Ø 5 PROD = A * B + D 10 ... . . .
		Mit der arithmetischen Wennanweisung: . . . IF (A * B)3,5,3 3 PROD = A * B/C 5 PROD = A * B + D . . .

Aufgabe 10.1

Nr.	FORMAT-Vereinb.	Erläuterung
1	6I3	Es stehen 6 Datenfelder zu je 3 Spalten zur Aufnahme von INTEGER-Zahlen zur Verfügung.
2	1Ø E 16.8	Es stehen 1Ø Datenfelder zu je 16 Spalten zur Aufnahme von REAL-Zahlen in Exponentialdarstellung zur Verfügung. Die Mantisse hat 8 signifikante Stellen hinter dem Komma.
3	8 F5.2	Es stehen 8 Datenfelder zu je 5 Spalten zur Aufnahme von REAL-Zahlen in Dezimalschreibweise zur Verfügung. Die Zahl ist auf zwei Stellen hinter dem Komma genau angegeben.
4	5L1	Es stehen 5 Datenfelder zu je einer Spalte zur Aufnahme von Wahrheitswerten zur Verfügung.
5	3I2, 2F8.4, E16.8	Es stehen 3 Datenfelder zu je 2 Spalten zur Aufnahme von INTEGER-Zahlen zur Verfügung. Es schließen sich 2 Datenfelder zu je 8 Spalten zur Aufnahme von REAL-Zahlen in Dezimalschreibweise an. Sie werden auf 4 Stellen hinter dem Komma genau angegeben. Dann folgt schließlich ein Datenfeld mit 16 Spalten zur Aufnahme von REAL-Zahlen in Exponentialschreibweise. Die Mantisse verfügt über 8 signifikante Stellen hinter dem Komma.

Aufgabe 10.2

Nr.	Zahlenwert	Formatschlüssel
1	576 849	I6
2	6,28	F4.2
3	$+0{,}1354 \ 10^{-5}$	E11.4
4	522,768	F7.3

Aufgabe 10.3

Nr.	FORTRAN-Eingabeanweisung	Ja	Nein	Bemerkung
1	READ A, B, C 7 FORMAT (F5.2, F4.2, F3.2)	○	⊗	Geräte- u. Anweisungsnummer fehlt bei READ
2	READ (1∅, 1∅) K, L, M (5) 1∅ Format (I2, I3, I4)	○	⊗	DIMENSION Vereinbarung fehlt für Feld M.
3	READ (1∅, 71) L, M, N 71 FORMAT (I3/I3/I3)	⊗	○	Jede Variable bildet einen Datensatz.
4	READ (1∅, 2∅) X, Y n FORMAT (2 F5.2)	○	⊗	Die Anweisungsnummer muß eine ganze positive Zahl sein.
5	DIMENSION D (1∅∅∅) : READ (1∅, 1∅∅∅)M,(D(N), N = 5,7) 1∅∅∅ FORMAT (I5/3F5.3)	⊗	○	Es wird M, D(5), D(6) und D(7) eingelesen.
6	DIMENSION B (6,6) : READ (1∅,6)A, B(4,6) 6 FORMAT (I2, E1∅.3)	○	⊗	Der Formatschlüssel I2 paßt nich zur Variablen A
7	READ (1∅,5) KF 5 FORMAT (I3, F4.2)	○	⊗	Zwischen der Variablen K und F fehlt das Komma
8	DIMENSION B (6,6) : READ (1∅,58)((B(I,K),I = 1,2),K = 2,3) 58 FORMAT (4 E1∅.2)	⊗	○	Es wird B(1,2), B(2,2), B(1,3), B(2,3) eingelesen
9	DIMENSION F (5, 5) : READ (1∅,66)(F(2,J),J = 1,3) 66 FORMAT (3 F1∅.8)	⊗	○	Es wird F(2,1), F(2,2) und F(2,3) eingelesen
10	READ (1∅,9)U, D(1∅) 9 FORMAT (F3.1, F8.5		⊗	Klammer fehlt hinter der FORMAT-Vereinbarung

Aufgabe 10.4

Nr. 1

Zunächst muß sich der Programmierer Gedanken über die Darstellung der Daten machen. Aus der Aufgabe geht hervor, daß wegen der Angabe der Seitenlängen in Metern und Zentimetern Dezimalzahlen (REAL-Zahlen) eingegeben werden. Da die Werte unter 10 Meter liegen werden, benötigt man zur Darstellung der Dezimalzahl eine Stelle vor dem Komma und zwei Stellen hinter dem Komma. Hinzu kommt eine Stelle für das Dezimalzeichen. Somit benötigt man auf einer Datenkarte insgesamt 4 Stellen je einzugebender Seitenlänge.

Die drei Seitenlängen werden auf einer Datenkarte folgendermaßen angeordnet:

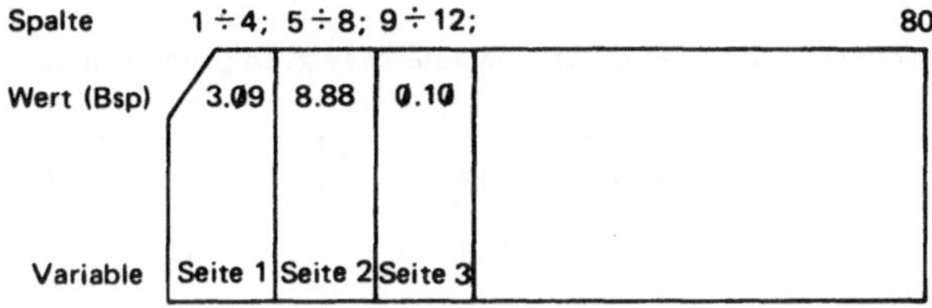

Eine Zusammenfassung der Eingabeparameter zeigt die folgende Tabelle:

Date	Variablenname	Typ	Formatschlüssel	Spalte
Seite 1	SEITE 1	REAL	F4.2	1 bis 4
Seite 2	SEITE 2	REAL	F4.2	5 bis 8
Seite 3	SEITE 3	REAL	F4.2	9 bis 12

Die zugehörige Eingabeanweisung lautet:

```
        .
        .
        .
        READ (1Ø,1ØØØ) SEITE 1,SEITE 2,SEITE 3
1ØØØ    FORMAT (F4.2, F4.2, F4.2)
        .
        .
        .
```

oder vereinfacht:

```
        .
        .
        .
        READ (1Ø,1ØØØ) SEITE 1,SEITE 2,SEITE 3
1ØØØ    FORMAT (3 F4.2)
        .
        .
        .
```

Nr. 2

Ein Programm für die geschilderte Aufgabe erhält als Eingabewerte die Artikelnummer und den Preis der einzelnen Waren. Die Artikelnummer wird stets eine ganze positive Zahl (INTEGER) sein. Da höchstens 100 000 Artikel geführt werden, wird man mit 5 Spalten auf der Datenkarte für die Artikelnummer auskommen. Der Preis in DM und Pfennig ist hingegen eine Dezimalzahl (REAL). Da alle Preise unter 10 000 DM liegen, werden zur Darstellung dieser Dezimalzahl höchstens 4 Stellen vor und 2 Stellen hinter dem Komma benötigt. Hinzu kommt eine Stelle für das Dezimalzeichen. Auf der Datenkarte reichen somit 7 Spalten für den Preis vollkommen aus.

Die beiden Eingabegrößen werden auf einer Datenkarte folgendermaßen angeordnet:

Spalte
1 ÷ 5;
6 ÷ 12
80
Wert (Bsp)
17 3Ø6
2118.55
Variable
Art-Nr.
Preis

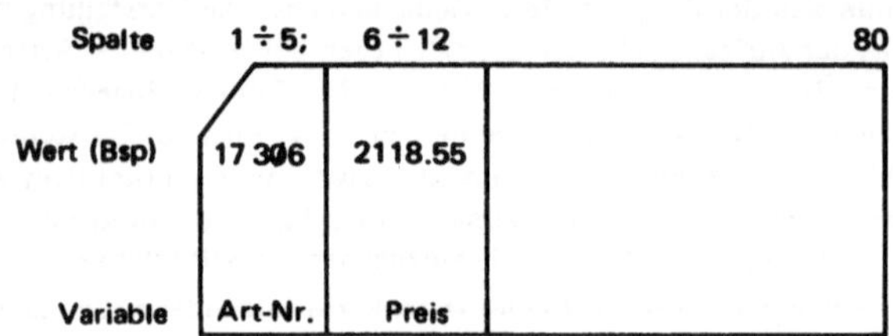

Eine Zusammenfassung der Eingabeparameter zeigt folgende Tabelle:

Date	Variablenname	Typ	Formatschlüssel	Spalte
Artikel-nummer	N ART NR	INTEGER	I5	1 bis 5
Preis	PREIS	REAL	F7.2	6 bis 12

Die zugehörige Eingabeanweisung lautet:

```
   .
   .
   .
   READ (1Ø,55) N ART NR, PREIS
55 FORMAT (I5, F7.2)
   .
   .
   .
```

Nr. 3

Die Kontonummern stellen ein Feld von 100 000 Größen dar. In dieses Feld sollen für die Kontonummern 100 bis 104 neue Werte eingelesen werden. Die Geldbeträge auf den Konten liegen unter 1 Million DM, so daß maximal 9 Spalten (6 Spalten vor dem Komma, 2 Spalten hinter dem Komma, 1 Dezimalzeichen) für die Kontostände auf den Datenkarten zu reservieren sind.

Die 5 Eingabegrößen werden auf der Datenkarte folgendermaßen angeordnet:

Spalte
1 ÷ 9;
10 ÷ 18;
19 ÷ 27;
28 ÷ 36;
37 ÷ 45
80
Werte
DM . Pf
DM . Pf
DM . Pf
DM . Pf
DM . Pf
Variable
Kontonr. 100
Kontonr. 101
Kontonr. 102
Kontonr. 103
Kontonr. 104

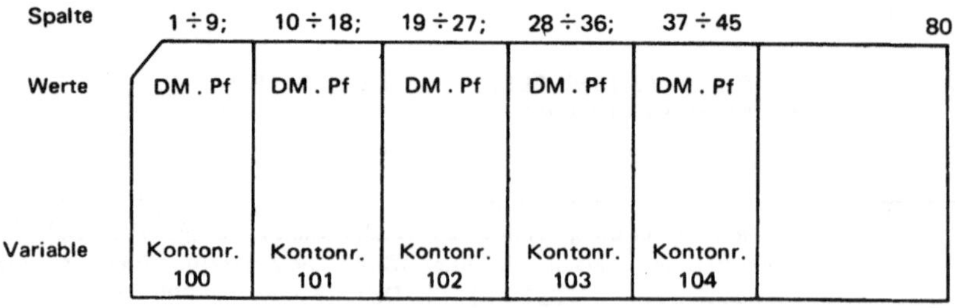

Eine Zusammenfassung der Eingabewerte zeigt folgende Tabelle:

Date	Variablenname	Typ	Formatschlüssel	Spalte
Konto-nr. 100	X KTO NR(1ØØ)	REAL	F9.2	1 bis 9
Konto-nr. 101	X KTO NR(1Ø1)	REAL	F9.2	10 bis 18
Konto-nr. 102	X KTO NR(1Ø2)	REAL	F9.2	19 bis 27
Konto-nr. 103	X KTO NR(1Ø3)	REAL	F9.2	28 bis 36
Konto-nr. 104	X KTO NR(1Ø4)	REAL	F9.2	37 bis 45

Die zugehörige Eingabeanweisung lautet:

```
   DIMENSION X KTO NR(1ØØØØØ)
   .
   .
   .
   READ(1Ø,13) (X KTO NR(I), I = 1ØØ, 104)
13 FORMAT (5 F9.2)
   .
   .
   .
```

Aufgabe 11.1

Nr.	Gespeicherte Werte	Ausgedruckte Werte	Erläuterungen
1	721	721	
2	– 721	721	Falsch! Länge des Druckfeldes reicht nicht aus.
3	– 13	– 13	
4	567 890	890	Falsch! Länge des Druckfeldes reicht nicht aus.
5	0	␣ ␣ 0	

Bemerkung

Der Formatschlüssel I3 reserviert 3 Druckpositionen. Der gespeicherte Wert wird rechtsbündig gedruckt, d. h. die Einerstelle erscheint am rechten Ende des Feldes. Zwischenräume werden mit ␣ gekennzeichnet.

Aufgabe 11.2

Nr.	Gespeicherte Werte	Ausgedruckte Werte	Erläuterungen
1	13.16	13.16	
2	- 45.18	45.18	Falsch! Länge des Druckfeldes reicht nicht aus.
3	- 0.5	- ␣ 0.50	
4	8.2649	␣ 8.26	Falsch! Länge des Druckfeldes reicht nicht aus.
5	- 2.	- ␣ 2.00	

Zwischenräume werden mit ␣ gekennzeichnet.

Aufgabe 11.3

Nr.	Gespeicherte Werte	Ausgedruckte Werte	Erläuterungen
1	319	␣0.319 E ␣ 03	
2	- .006	- 0.600 E - 02	
3	-21.0063	- 0.210 E ␣ 02	Falsch! Länge des Druckfeldes reicht nicht aus.
4	276512.6	␣0.276 E ␣ 06	Falsch! Länge des Druckfeldes reicht nicht aus.

Zwischenräume werden mit ␣ gekennzeichnet.

Aufgabe 11.4

Nr.	Ausdruck
1	␣␣123 | ␣␣␣17 | ␣1015
2	␣␣␣␣␣N=␣60588BRIEFE␣
3	␣␣␣␣␣␣4.17A␣␣␣␣␣35.80V

Zwischenräume werden mit ␣ gekennzeichnet.

Weiterführende Literatur

Digitale Datenverarbeitung:

[1] *H. Schumny:* Digitale Datenverarbeitung für das technische Studium, Vieweg, Braunschweig 1975.

FORTRAN-Literatur:

ASA Proposed Standards for FORTRAN and Basic FORTRAN, Comm. Assoc. Comp. Mach. 7, 590–625 (1964).

D. Müller: Programmierung Elektronischer Rechenanlagen, B.I.-Hochschultaschenbücher 49, Bibliographisches Institut, Mannheim 1967.

H. Breuer: FORTRAN-Fibel, B.I.-Hochschultaschenbücher 204, Bibliographisches Institut, Mannheim 1969.

G. Klein: Einführung in die Programmiersprache FORTRAN IV, AEG, Berlin 1969.

F. Krauß: Programmiertechnik, Vogel Verlag, Würzburg 1969.

M. Wolters: FORTRAN IV, Siemens, München 1970.

H. Rehbein: FORTRAN IV – leicht gemacht, VDI-Verlag GmbH, Düsseldorf 1972.

G. Lamprecht: Einführung in die Programmiersprache FORTRAN IV, Vieweg, Braunschweig 1976.

R. Engelbrecht, R. Lederer, H. Schauer, H. Unfried: Lehrbuch EDV Elektronische Datenverarbeitung, Einführung in die Grundbegriffe, Vieweg, Braunschweig 1974.

Sachwortverzeichnis